Inge Weßling

Mops

Auswahl, Haltung, Erziehung, Beschäftigung

KOSMOS

Inhalt

Zum Geleit 4

Die Geschichte des Mopses 6

Der Mops ist ein Ostasiate 7
Geschichten und Legenden 9
Der Niedergang der Rasse 12
Das Wesentliche am Mops 18

Ein Mops kommt ins Haus 22

Erste Überlegungen 23
Wo finde ich meinen Mops 26
Besuch beim Züchter 37
EXTRA Zuchtvoraussetzungen 38
Der Welpe wird abgeholt 40
Stubenreinheit 41
Die nächsten Wochen 42
Welpenspielgruppen 45
EXTRA Vom Welpen zum Hund 48

Gesunde Ernährung 50

Wie oft wird gefüttert? 51
Was wird gefüttert? 52
Roh oder gekocht 53
Abwechslung in der Futterschüssel 54
Übergewicht 57
EXTRA Aus der Mopsküche 58

Gepflegt von Kopf bis Pfote 60

Fellpflege 61
Falten 62
Augen 64
Ohren 64
Zähne 65
Krallen 65
Läufigkeit 66

Rundum gesund 68

Krankheiten erkennen 69
Impfungen 71
Infektionskrankheiten 73
Weitere Krankheitsbilder 76
Rassespezifische Erkrankungen 80
Parasiten 84

Erziehung leicht gemacht 86

Der etwas andere Hund 87
Ein Mops will seinem Menschen gefallen 89
Erziehungs-Basics 90
Was Möpse alles lernen können 95

Freizeit mit dem Mops 96

Rassebedingte Aufgaben und Fähigkeiten 97
Spaziergänge 98
Möpse und Wasser 100
Laufen mit und ohne Fahrrad 106
Ab in den Urlaub 107
Ausstellungen 110

Der alte Mops 116

Wenn der Mops älter wird 117
Es geht zu Ende 119

Service 120

Zum Weiterlesen 121
Nützliche Adressen 122
Register 123
Impressum 126

Zum Geleit

Wir leben in einer Wissensgesellschaft, sind von Experten umgeben, im Fernsehen, in den Internetforen und auf der Hundewiese. Glücklich wer auf eine Expertin trifft wie Inge Weßling. Niemand hat ein solch fundiertes Wissen über den Mopshund. Inge Weßling hat ihre Erkenntnisse nicht aus Büchern gegraben, sondern sie sich im geduldigen Selbstversuch als „Alphatier" im eigenen Mopsrudel angeeignet, durch jahrzehntelange Feldforschung in Haus und Garten, umgeben von vielen, vielen Ringelschwanzdynamikern. Wenn ich wissen wollte, wie viele es denn seien, sagte die unverwechselbare warme Stimme am Telefon schon mal: „Dreißig gebe ich zu." Mal waren es etwas mehr, mal etwas weniger, Möpse in Not, die sie bei sich aufnahm, Möpse, die sie großzog, die sie weitergab oder auch bis ins hohe Alter betreute.

Inge Weßling vermittelt ihr in Jahrzehnten erworbenes Wissen über Möpse mit freundlicher Autorität. Sie züchtet und erforscht Möpse als engagierte Privatgelehrte. Ihr Forschungsinstitut ist ein romantisches Haus im Wald, am leise rauschenden Bach, ein Idyll wie einem Schubert-Lied entstiegen, der „schönen Müllerin" oder der Winterreise vielleicht („Lass irre Hunde heulen"). Ja, sie heulen, die Möpse, aber nicht wie Wölfe, es ist mehr aufgeregtes Freudengeheul als fremdenfeindlicher Alarm. Sind Möpse überhaupt als Wachhunde geeignet? Aber ja! Sie hören jedes störende Geräusch, lassen ihr Drohknurren hören, schlagen an mit ihrem unverwechselbaren, heiseren Mopsbellen. Aber wenn der Einbrecher im Haus ist, werden sie ihn schwanzwedelnd begrüßen.

Heute sind es nur noch siebzehn Möpse, die im Hause Weßling leben, im einzigartigen Soziotop, in dem viele Jahre auch eine im Gegensatz zu den Möpsen verängstigte Dogge wohnte, und eine bemerkenswerte Population altkluger Papageien nebst anderen Ziervögeln.

Drei Mal habe ich bei Inge Weßling einen Mops abgeholt. Der erste, Bruno, war übrigens über eine Seitenlinie ein Neffe von Paul, den Vicco von Bülow, bekannt als Loriot, wenige Monate vorher bei ihr in Empfang genommen hatte, in weiße Tücher gehüllt, damit das Rudel der aufmerksamen Gastgeber nicht seine Garderobe ruinierte. Bruno, Beau unter den Möpsen, hatte eine homoerotische Beziehung zu unserem Siamkater, mit dem er eng gekuschelt das Nachtlager teilte. Gustav war ein Sänger, der die Arie des Don Ottavio „Dalla sua pace" aus Mozarts „Don Giovanni" nicht hören konnte, ohne einzustimmen. Und Hugo, schwarz, schlank und muskulös, rennt mit Windspielen um die Wette.

Ich kenne Inge Weßling, ihren Mann und einen Großteil ihrer Möpse seit bald einem Vierteljahrhundert. Und einige der Fragen, die in diesem klugen Ratgeber eine Antwort finden, habe ich auch gestellt. Wir haben oft miteinander telefoniert. Und dabei bin ich nicht nur jedes Mal klüger geworden, ich habe auch erfahren, dass es wunderbar ist, wenn eine Expertin ihr Wissen mit Lebenserfahrung, Herzenswärme und manchmal auch mit souveräner Selbstironie weitergibt.

Emanuel Eckardt

Die Geschichte des Mopses

Der Mops ist ein Hund, der eines richtig gut beherrscht, das Zusammenleben mit dem Menschen. Er hat nie irgendwelche Aufgaben erfüllen müssen, er war immer nur Familienhund. Deshalb fühlt er sich bei seinen Menschen wohl, ob diese nun im Schloss oder auf der Etage leben, ob sie allein sind oder eine große Familie haben. Der Mops ist ein zeitgemäßer Hund.

Der Mops ist ein Ostasiate

Möpse gibt es schon unendlich lange – wie lang, weiß niemand so genau, denn es gibt keine Zeitzeugen. Niemand von uns war an der Entstehung der Rasse beteiligt. Da es sich aber zweifelsfrei um eine Haushundrasse handelt, die wie alle anderen Hunderassen auf den Torfhund, einen prähistorischen Haushund, zurückzuführen sein dürfte, muss man die Entstehung irgendwann nach 10 000 v. Chr. datieren.

Ursprungsland China

Fast alles spricht dafür, dass es die ersten Möpse in China gab. Aus der Zeit der Sung-Dynastie (982–1227 n. Chr.) hat man Darstellungen von eindeutig mopsähnlichen Hunden gefunden, Lo-chiang-sze oder auch Lo-sze genannt.

Man kann nur spekulieren, wie und wo diese Hunde gelebt haben. Nach einer sehr schönen Theorie lebten sie bei Hofe in den Wohnanlagen der Mandarine, der kaiserlichen Ratgeber. Dazu würde der Charakter der Möpse tatsächlich sehr gut passen, denn in den Wohnanlagen lebten die Mandarine zusammen mit ihren vielen Haupt- und Nebenfrauen sowie deren Kindern.

Zur Entstehungszeit dieses Bildes gab es noch keinen gefestigten Mopstyp.

Nur ein sehr unaggressiver und menschenfreundlicher Hund hätte dazu gepasst. Es wäre nämlich unmöglich gewesen, wenn der Hund von Nebenfrau Nr. 7 den Hund oder gar das Kind von Hauptfrau Nr. 3 angeknurrt hätte.

Sein Weg nach Europa

Wir tappen nach wie vor im Dunkeln, wenn es darum geht, wie der Mops nach Europa kam. Dazu gibt es verschiedene Theorien. Mal brachten ihn holländische Seeleute mit, mal kam er als Gastgeschenk irgendeines Potentaten über die „Seidenstraße“ hierher, sogar Dschingis Khan und seine Horden sollen ihn mitgebracht haben. Übrigens eine sehr nette Vorstellung, so ein Mops vorn auf dem Sattel eines wilden Mongolenkriegers, denn mit den Pferden mitlaufen konnte er sicher nicht.

Die ersten Möpse in Europa

Zeugnisse über die Existenz von Möpsen in Europa gibt es seit etwa 1425 n. Chr., unter anderem auf einem Bild des Malers Pisanello (1395–1455 n. Chr.). Ab Mitte des 16. Jahrhunderts entstand in Italien eine neue Volkskunst, die Commedia dell'Arte, in der auch kleine Tiere eine Rolle zugeteilt bekamen, Äffchen, Pudel oder auch Möpse. Diese Tiere bekamen Namen, der Mops wurde nach einem der Darsteller, der eine schwarze Maske trug, „Arlecchino“ genannt, worauf im Übrigen der französische Name für den Mops „Carlin“ oder der italienische „Carlino“ zurückzuführen ist. Diese Geschichte ist auch der Grund dafür, dass die Gründer des niederländischen Mopsclubs ihrem Verein den Namen „Commedia“ gaben. Es wird auch berichtet, dass im Jahre 1553 ein türkischer Admiral dem König von Frankreich einige Möpse als Geschenk mitbrachte. Die adligen Herrschaften fanden die kleinen Hunde so niedlich, dass sie sie „Turquets“, kleine Türken, nannten. Überhaupt hat jedes Land einen anderen Namen für den kleinen Kerl: „Doguillo“ heißt er in Spanien, „Pug“ oder „Dutch Mastiff“ in England. „Mops“ oder „Mopshond“ wird er in Deutschland, Belgien, Schweden und den Niederlanden genannt, während die Finnen ihn Mopsi und die Chinesen Ha Ba Gou nennen. Selbst die gälisch sprechenden Iren haben einen eigenen Namen für unseren Freund, dort heißt er Smutmhadra.

Geschichten und Legenden

Legenden und Anekdoten begleiten den Mops auf seinem Weg durch die Jahrhunderte. Der Mops Pompey soll im Heerlager von Hermigny im Jahre 1570 seinem Herrn, Wilhelm I von Oranien (1533–1584), auch Wilhelm der Schweiger genannt, durch lautes Gebell das Leben gerettet haben, weil der Prinz dadurch aufmerksam gemacht, einem Attentäter noch rechtzeitig entkommen konnte.

Stimmt das, dann hätte der Mops geradezu europäische Geschichte geschrieben. Aus Dankbarkeit für seine Rettung war der Prinz nie mehr ohne Mops und das Haus Oranien blieb dieser Rasse noch sehr lang eng verbunden. Ein Urenkel des Prinzen, der Statthalter der Niederlande Wilhelm III und spätere König von England, Schottland und Irland brachte im Jahre 1688 eine große Anzahl von Möpsen aus den Niederlanden nach England, was vielleicht erklärt, warum Großbritannien heute noch als Patronatsland der Rasse anerkannt wird.

Möpse leben schon seit Jahrtausenden bei Hofe. Selbstbewusst nehmen es diese Hunde mit jedem auf, selbst wenn das Gegenüber ein Vielfaches größer ist.

Der Mops von Winnenden

Beeindruckend ist auch die Geschichte des Mopses von Winnenden, der seinen Herrn, Karl Alexander, Herzog von Württemberg, auf einem Kriegszug begleitete. In der Türkenschlacht vor Belgrad um 1717 wurden die beiden getrennt. Man kann es kaum glauben, dass der kleine Hund in der unglaublich kurzen Zeit von elf Tagen die Strecke von rund 1 100 Kilometern nach Hause zurücklief. Wegen der überstandenen Strapazen starb er dort allerdings nach kurzer Zeit. Nach seinem Tod errichtete man ihm im Schlossgarten ein Denkmal. Ein in Stein gehauener lebensgroßer Mops verziert diesen Grabstein, in dessen Fuß folgendes Gedicht gemeißelt ist:

„Du ruhst nunmero Mops
von all deiner Pein.
Wie manchen Rauhen Wort
Wie manchen Nasenstüber, Mops,
mustestu nicht stets
hier unterworfen seyn.
Doch lehrte Dich der Witz
Dies in Geduld ertragen und
Weil Du Hofmops warst
So dienstestu der Zeit.
Dein holdes Mäulchen blieb
Bey seiner Freundlichkeit
Und jede Miene wies
was Du nicht konntest sagen.
Nebst Allem Diesem
Warst Du ungemein Getreu und
Was wir Liebs und Gutes
Von Hunden melden können
Mit Alle Dem Warstu, O Mops
geziert zu nennen.“

Der Mopsorden

Mitte des 18. Jahrhunderts wurde der Mops sogar als Waffe gegen den Papst eingesetzt. Clemens XII hatte nämlich 1738 den Katholiken die Zugehörigkeit zu Freimaurerlogen untersagt und als Strafe hat er die Exkommunikation angedroht. Daraufhin gründeten sich in ganz Europa neue Logen, die auch Frauen aufnahmen. Eine dieser neuen adligen Gesellschaften war der „Mopsorden“. Der namensgebende Hund, der häufig in diesen Kreisen gehalten wurde, galt damals als Sinnbild für Treue und Charakterfestigkeit. Die Angehörigen der Loge nannten sich Möpse. Neue Mitglieder mussten vor Aufnah-

Man glaubt es kaum: Beide stammen vom Wolf ab.

me wie ein Mops an der Tür kratzen, wurden am Halsband mit verbundenen Augen durch den Raum geführt, während alle anwesenden Ordensmitglieder gehörigen Lärm verursachten, um die Nervenstärke der Novizen und Novizinnen zu testen. Zum Abschluss der Zeremonie mussten die Neulinge einen Porzellanmops unterm Schwanz küssen. Anschließend trugen sie als Erkennungszeichen ein silbernes Mopsmedaillon. Es wurde bald üblich, dass sich die Mitglieder des Ordens mit Figuren aus Porzellan beschenkten, auf denen sich immer auf dem Schoß der Dame oder zu Füßen des Herrn ein Mops befindet. Man darf also feststellen, dass wir es nicht zuletzt Papst Clemens XII zu verdanken haben, wenn wir heute wissen, wie unsere Möpse vor ca. 250 Jahren aussahen.

Aus derselben Zeit gibt es mehrere Grafiken und Gemälde des britischen Malers und Grafikers Hogarth (1697-1764) auf denen seine Möpse dargestellt sind. Würde die Bildunterschrift diese Hunde nicht als Möpse bezeichnen, käme man allerdings nicht unbedingt darauf, dass es sich um solche handelt.

Die verpatzte Hochzeitsnacht

Der Mops war bis in die Zeit der Französischen Revolution und des Kaiserreichs noch recht beliebt. Davon zeugt die Anekdote, dass der Mops von Josephine de Beauharnais, Fortuné, in der Hochzeitsnacht (9.3.1796) Napoleon ins Bein gebissen haben soll. Ob sie durch diesen Vorfall die Erfinderin des klassischen Ausspruchs: „Der will doch nur spielen." wurde, ist allerdings nicht überliefert. Es gibt allerdings auch keine Aussagen darüber, ob Fortuné infolgedessen des Schlafzimmers verwiesen wurde.

Der Niedergang der Rasse

In folgenden Jahrzehnten ging es rapide bergab mit der Rasse. Nicht, dass sie nach ihrer Karriere an den europäischen Fürstenhöfen in bürgerliche Gesellschaft kam, ist dabei zu bedauern. Doch der Mops landete überwiegend in den Händen vereinsamter unverheirateter älterer Fräuleins, die ihr unbefriedigtes Pflegebedürfnis an ihm austoben konnten und zwar in der Form, dass sie ihn überfütterten, mit Süßigkeiten vollstopften und möglichst jede Anstrengung, ja sogar nicht unbedingt notwendige Bewegung von ihm fernhielten. Sie setzten ihn aufs Sofa und versuchten, seine Zuneigung durch Leckereien zu erkaufen. Es blieb nicht aus, dass er dadurch vielfach zum fetten Rollmops, zu einer Hundekarikatur wurde.

„Wer dick und faul, hat selten Glück“

Da waren dann geradezu bösartige Bemerkungen über die an dieser Entwicklung völlig unschuldigen Hunde nur folgerichtig. So schrieb Wilhelm Busch über den von seinem Frauchen so unvernünftig verwöhnten Mops Schnick: „Wer dick und faul, hat selten Glück.“ Oder in den Münchner Bilderbogen: „Der Mops ist alter Damen Freude.“ Der Zoologe Alfred Brehm schrieb 1864 in seinem Tierleben den berüchtigten Satz: „Die Welt wird nichts verlieren, wenn dieses abscheuliche Tier samt seiner Nachkommenschaft den Weg allen Fleisches geht.“ Das brachte im Übrigen den inzwischen verstorbenen bekannten Schauspieler und Mopsliebhaber Gert Haucke mehr als hundert Jahre später zu der für alle Mopsliebhaber nachvollziehbaren Reaktion: „Ich brachte das Buch ins Antiquariat und habe mich mit Grzimeks Tierleben entschieden verbessert.“ In einer Ausgabe der „Gartenlaube“ war wahrhaftig so etwas wie ein Todesurteil zu lesen: „In ein paar Jahren wird man bei uns kaum noch ein einziges Exemplar dieser Rasse finden. Die Ausgeburt unserer wurmstichigen Zivilisation ist dann verschwunden.“ Und für den Karikaturisten des „Simplicissimus“, der großen satirischen Zeitschrift um 1900 schließlich war der Mops das Sinnbild bürgerlicher Dekadenz. Er zeichnete ihn beispielsweise dick und hässlich vor einem Teller voller fetter Würste sitzend, während ausgemergelte Kinder mit großen, traurigen, hungrigen Augen daneben stehen und nur zuschauen dürfen. Diese Kritiker leben alle nicht mehr, erfreulicherweise gibt es die Möpse immer noch.

Der Mops von Queen Victoria

Eine Weile sah das allerdings gar nicht danach aus. Als Queen Victoria 1857 ihr Hunderudel durch ein paar gut geratene Möpse komplettieren wollte, war in ganz England kein einziger aufzutreiben. Der englische Gesandte in Deutschland wäre fast erfolgreich gewesen. Bei ein paar alten Damen gab es zwei sehr schöne Möpse – aber die Damen erwiesen sich als absolut unbestechlich. Weder die Ehre, der Queen gefällig sein zu können, noch das Angebot, jeden Preis zu zahlen, brachte sie dazu, sich von ihren beiden Lieblingen zu trennen. Kein Wunder, auch die heutige Queen würde da bei gegenwärtigen Mopsmenschen auf unüberwindbare Hindernisse stoßen. Schließlich wurde der Mops Bosco aufgetrieben. Obwohl sich seine Schönheit in Grenzen gehalten haben soll, wurde er von der Queen heiß geliebt, genauso wie die ihm nachfolgenden 37 Möpse.

Möpse wurden nicht nur bei Hofe hofiert. Auch die ein oder andere bürgerliche Dame hielt sich ein solches Hündchen, das die Bediensteten würdig behandeln mussten.

Duell unter Rüden: Wer trifft den Grasbüschel zuerst?

Es geht wieder aufwärts

Aufwärts ging es mit der Rasse zunächst in England, allerdings erst, als sich Lord und Lady Willoughby und Mr. Morrison für deren Zucht zu interessieren begannen. Lord und Lady Willoughby kauften zwei Möpse aus St. Petersburg, während Mr. Morrison mehrere Möpse aus Holland importierte. Es handelte sich dabei um recht verschiedene Mopstypen. Die Willoughby-Möpse waren ziemlich hochbeinig, sehr verschwärzt, hatten sehr schöne Falten und einen ausgeprägten Aalstrich. Die Morrison-Möpse waren in der Farbe sehr schön sauber gelb, die Faltenbildung und Pigmentierung ließen jedoch zu wünschen übrig. Ein Marquis of Wellesley brachte dazu noch zwei Möpse aus China mit, Beutegut aus dem von englischen Truppen eroberten Kaiserpalast in Peking, die gemeinsam mit den vorhandenen Blutlinien die Rassemerkmale festigten. Auch heute noch sind die Eigenschaften dieser Stamm-Möpse im Genpool der Rasse fest verankert.

Schwarze Möpse werden salonfähig

Eine Sensation war es, als Lady Brassey (etwa 1878) aus China mehrere schwarze Möpse mitbrachte, die sich von den bereits vorhandenen Schwarzen durch ihre weißen Flecke an Brust und Füßen unterschieden. Seit dieser Zeit wurden die Schwarzen, die bis dahin als Fehlfarbe abgelehnt wurden, in Europa hoffähig.

Der Herzog von Windsor

Gleichwohl wurde es still um die Rasse, die Zahl der Möpse ging zurück. In die Presse gerieten sie erst wieder 1936 im Zuge der Berichterstattung über den Herzog von Windsor, den früheren englischen König Edward VIII, der als König zurücktrat, um seine Geliebte, die geschiedene Amerikanerin Wallis Simpson, heiraten zu können. Das Paar hatte gemeinsam elf Möpse.

Im 2. Weltkrieg war an Hundezucht nicht zu denken. Die Menschen hatten nun durchaus andere Probleme. Dennoch gab es den einen oder anderen Züchter wie Fräulein Margarete Kahlert aus Berlin, deren Haus von einer Phosphorbombe getroffen wurde und die dann hilflos mit ansehen musste, wie ihre im obersten Stockwerk lebenden Hunde im Feuer umkamen.

Die Zeit nach dem Krieg

Nach dem Krieg lag die deutsche Mopszucht in den Händen weniger Züchter, die zum Teil dem Adel und Hochadel angehörten. In den folgenden Jahrzehnten stand die Rasse nicht gerade im Fokus der Öffentlichkeit. Der Bestand war zwar gesichert, auch durch sogenannte „altdeutsche" Möpse, die einen kleinen Schuss Pinscherblut hatten, aber mehr als 60 Welpen pro Jahr wurden nicht in die Zuchtbücher eingetragen.

„Mopsiade" und „Mopskult"

Dass die Rasse nicht vergessen wurde, zeigt unter anderem die großartige und sehr gut besuchte Ausstellung „Mopsiade" im Schlossmuseum von Schloss Wolfsgarten bei Darmstadt im Jahre 1973 aus Anlass des 60. Geburtstages von Prinzessin Margaret von Hessen und bei Rhein. Es wurden mehr als 300 Exponate aus drei Jahrhunderten aus dem In- und Ausland ausgestellt. 35 Jahre später, im Jahr 2008 – der Mops hatte inzwischen den Status eines Modehundes erreicht – fand mit sehr großem Erfolg unter dem Titel „Mopskult" im rheinland-pfälzischen Landesmuseum in Mainz die zweite ungleich größere Ausstellung statt. Dieses Mal wurden über 500 Exponate aus vier Jahrhunderten gezeigt. Zu dieser Ausstellung durften sogar lebende Möpse die normalerweise für Hunde streng verbotenen Ausstellungshallen betreten, natürlich unter dem Vorbehalt besonderer Benimm-Regeln, wie z.B.:

Du bleibst immer bei Frauchen oder Herrchen an der Leine.

Du darfst nichts annagen.

Du fängst keinen Streit mit anderen Ausstellungsbesuchern an.

Du darfst hier niemals markierend pieseln!

Wer über Möpse redet, kommt an LORIOT nicht vorbei. Hier mit Mops Paul.

Die Waldmöpse der Keiserin

Den wohl größten Einfluss auf die Mopszucht nach dem Weltkrieg hatte Frau Inge von Keiser, im Freundeskreis „die Keiserin" genannt, deren Zwinger „vom Sanddorn" in vielen holländischen und deutschen Ahnenreihen zu finden ist. Als Mitarbeiterin des Nobelpreisträgers Konrad Lorenz lebte sie mit ihrem Mopsrudel bis zu ihrer Versetzung in den Ruhestand in Seewiesen am Starnberger See. Dort geschah dann auch eine fast unglaubliche Geschichte, auf die viele Mopsbesitzer auch heute noch stolz sind.

Die verlorenen Welpen

Da hatte sich die Keiserin mit ihrem gesamten Mopsrudel, zu dem auch vier knapp vier Monate alte Welpen und der Bordeauxdoggenrüde Cato gehörten, zu einem Waldspaziergang durch den tief verschneiten Winterwald – es war Anfang Januar – aufgemacht.

Dieses Foto ist etwa 50 Jahre alt. Die abgebildeten Hunde aus der Zucht von Inge von Keiser entsprechen voll und ganz dem heutigen Mopstyp.

Und da passierte es – plötzlich waren die vier Welpen verschwunden. Die Keiserin suchte bis zum Einbruch der Dunkelheit, danach musste sie notgedrungen aufgeben. Am selben Abend noch tauchte einer der Welpen an der Haustür auf. Die anderen blieben verschwunden.

Am nächsten Tag brach der Winter herein mit Schnee, Eis, Temperaturen um die -20 Grad, und allem, was man sich unter einem strengen Winter vorstellt. Nach drei Tagen meldete sich ein Pärchen zurück, sie befanden sich plötzlich inmitten der Meute im Hof vor dem Haus. Nach insgesamt zwei Wochen erklang nach Einbruch der Dunkelheit vor der Haustür ein nachdrückliches Wolfsgeheul – es war die vierte Ausreißerin, die energisch Einlass verlangte. Wie hatten die vier überleben können? Das zu klären war für die studierte Biologin Inge von Keiser kein Problem – sie ließ von allen vieren Kotproben untersuchen. Dabei wurde festgestellt, dass sie sich von Reh- und Hasenkot ernährt hatten, der, wie nicht nur Möpse offensichtlich wissen, sehr vitaminhaltig ist.

Für die heutigen Mopszüchter ist diese Geschichte deshalb so interessant, weil es sich bei diesen „Waldmöpsen" um den heutigen Mopstyp handelte, den Mopstyp also, bei dem seine Kritiker unentwegt von Qualzucht und fehlender Vitalität reden.

Der Mops kommt in Mode

Bis in die Neunzigerjahre des vorigen Jahrhunderts blieben die Welpenzahlen weitgehend konstant, obwohl der Mops immer mal wieder Gegenstand von überwiegend lustigen Fernsehbeiträgen oder Presseartikeln war. So befand Vicco von Bülow alias Loriot: „Ein Leben ohne Mops ist möglich, aber

Etwa elf Tage alter Mopswelpe, die Augen sind schon geöffnet, es wird allerdings noch eine Woche dauern, bis er damit sehen kann.

sinnlos." Oder: „Möpse sind mit Hunden nicht zu vergleichen. Sie vereinigen die Vorzüge von Kindern, Katzen, Fröschen und Mäusen." Und der Hamburger Journalist Emanuel Eckardt schrieb im Jahre 1984 im Stern: „Der Mops ist ein Wunder der Natur. Niemand kann sich vorstellen, wie diese Kreatur zustande kam, wie es möglich war, einen Löwen mit einem Ochsenfrosch zu kreuzen, ohne dabei die Rassemerkmale eines Marzipanschweins aus den Augen zu verlieren. Und wer meint, im abenteuerlichen Genpool dieses Hundes auch noch Walross und Siamkatze, andalusische Kampfstiere oder mittelenglische Sofakissen nachweisen zu können, wird jedenfalls nicht durch den Augenschein widerlegt. Der Mops ist ein in Naturereignis von unvergleichlichem Reiz."

Welpen-Boom

Warum dann etwa ab der Mitte des Jahrzehntes die Welpenzahlen immer stärker anstiegen, sodass im Jahr 2008 bereits 636 Welpen in die Zuchtbücher der VDH-Vereine eingetragen wurden – im Übrigen die höchste Steigerungsrate aller VDH-Vereine – und immer mehr Möpse im Straßenbild auftauchten, ist nicht so recht erklärbar. Vielleicht liegt es an solchen Filmen wie „Miez und Mops" (1986), den Blockbustern „Men in Black I und II" (1997, 2002) oder dem Kinderfilm „Pinky und der Millionenmops" (2000). Übersehen darf man dabei natürlich nicht, dass diese Zahlen immer noch verschwindend gering sind gegenüber so populären Rassen wie Deutsche Schäferhunde oder Teckel, von denen Jahr um Jahr mehrere Tausend geboren werden.

Möpse sind sehr anpassungsfähig. Sie fühlen sich bei sportlichen Menschen genauso wohl wie bei gemütlichen. Ihr Wahlspruch lautet: Dabei sein ist alles!

Das Wesentliche am Mops

Es gibt sie also glücklicherweise noch, unsere Möpse, und das ist gut so, denn ein besser an die Bedürfnisse der heutigen Zeit angepasster Hund ist kaum vorstellbar. Dies gilt natürlich nicht nur für den Mops, jedoch auch für ihn. Heutzutage stellt sich der Mops dar als ein stämmiger kleiner Hund (bis 32 cm Schulterhöhe) von unverkennbarem Molossertyp – also verwandt mit den großen Doggen – der kleinste Vertreter dieser Hundegruppe sozusagen.

Kennzeichnend für ihn sind der große, runde Kopf mit ausgeprägter Faltenbildung, der stumpfe breite Fang, die tiefschwarze Maske und vor allem die je nach Gemütslage mal melancholischen, mal feurigen Augen. Typisch ist weiterhin der über dem Rücken getragene Ringelschwanz. Es gibt den Mops in den Farben beige, apricot und schwarz.

Der Familienhund

Der Mops hat nie eine Aufgabe erfüllen müssen, er war immer „nur" Familienhund – ob nun im Schloss oder bei gewöhnlichen Menschen. Sie können von Ihrem Mops daher nicht erwarten, dass er Ihr Haus bewacht, er wird den Einbrecher natürlich verbellen, aber nur, wenn dieser vorher klingelt. Als Beschützer ist er nicht imposant genug, obwohl die schon erwähnte Frau Inge von Keiser mehrere ihrer Möpse zum Schutzhund I Unterordnung B ausbilden ließ. Auch zum Hütehund eignet er sich nicht so recht. Man weiß auch von Möpsen, die mit jagdlich geführten Teckeln zusammenleben und begeistert deren Training zur Fährtensuche mit absolvieren, auch mit gutem Ergebnis, ob sie dadurch aber zum Jagdhund werden, darf bezweifelt werden.

Vorurteile

Vorurteile begegneten ihm schon immer – dumm soll er sein, faul und träge. Glauben Sie es nicht! Die alten Züchter wären unentschuldbar dumm gewesen, hätten sie es zugelassen, dass sich in ihrer unmittelbaren Nähe ein dummer Hund eingenistet hätte. Das Gegenteil ist richtig, der unmittelbare Kontakt zum Menschen erzwingt geradezu einen einfühlsamen, intelligenten Hausgenossen. Genau das ist der Mops. Und was die Faulheit angeht, ist ihm sein Herrchen oder Frauchen Vorbild, er ist genauso faul wie diese. Und so ausdauernd bei Spaziergang oder Wanderung wie seine Leute ist er allemal.

Ein stumpfer Fang, kleine schwarze Ohren, große dunkle Augen und Sorgenfalten sind typisch für den Mops.

Der Charakter

Das eigentlich Besondere ist jedoch sein temperamentvoller, dennoch jederzeit friedfertiger Charakter. Dadurch eignet er sich hervorragend für das enge Zusammenleben mit dem Menschen. Keine Wohnung ist ihm zu klein, keine Familie zu groß, um sich wohlzufühlen. Sein Charakter ermöglicht ein harmonisches Zusammenleben mit allen möglichen Hausgenossen, zwei- und vierbeinigen.

Keine Angst vor großem Krach

Friedfertig heißt aber keineswegs ängstlich. Im Gegenteil: Manchmal könnte man auf den Gedanken kommen, dass ihnen das Angstgen weggezüchtet worden ist. Nehmen wir nur mal ihre Reaktion auf Gewitter, auf Blitz und Donner. Es gibt Familien, die fast ganzjährig von ihrem großen wehrhaften Hund verteidigt und beschützt werden. Bei Blitz und Donner muss sich jedoch mindestens ein Familienmitglied ganz dem Schutz des armen Häufchens Elend widmen, dass sich zitternd unter das Sofa oder das Bett verkrochen hat. Ganz anders in der Familie, die einen gemeinen Hausmops beherbergt. Beim ersten Aufleuchten eines Blitzes verändert sich die Mopsmimik, der Gesichtsausdruck wird erkennbar unwirsch. Sobald das Donnergrollen hörbar wird, verlangt der kleine Kerl dringend, nach draußen gelassen zu werden, um dort dann in Richtung Himmel zu pöbeln – er verbittet sich mit empörtem Bellen und nach hinten auskeilenden Hinterläufen diesen Lärm in seinem Umfeld. Sehr zufrieden mit sich selbst kommt er wieder ins Haus („Dem da oben habe ich es

Kinder und Möpse, das passt einfach.

aber gezeigt!), nur um sich beim nächsten Blitz und Donner wieder genauso aufzuführen. Seine eigene Angst vor dem Gewitter vergisst man schnell, denn das Mopsverhalten ist einfach zu komisch.

Oder die Silvesterfeuerwerke. Da gibt es Familien, in denen mindestens ein Mitglied die Zeit um Mitternacht herum mit dem armen verängstigten großen Hüter des Hauses in einem abgedunkelten Raum hinter heruntergelassenen Jalousien bei auf über Zimmerlautstärke abgespielter Rockmusik verbringt, um den großen Kerl vor einem Nervenzusammenbruch zu bewahren. Anders in der Mopsfamilie. Für die kleinen Hunde ist das Silvesterfeuerwerk nichts anderes als ein grandioses Gewitter, damit können sie locker umgehen: Schimpfen, bis der Krach wieder aufhört.

Ungeheuer Pappkarton

Ein Mops wiederum kann zum verstörten Hasenherz werden, weil auf dem vertrauten Spazierweg plötzlich ein Karton oder, schlimmer noch, ein Luftballon liegt. Plötzlich hat man einen Hund neben sich, der keinen Schritt weitergehen kann, weil sich nach seiner festen Überzeugung ein gefährliches Ungeheuer hinter dem Karton oder dem Ballon versteckt. Wenn man als unbeeindruckter Mensch auf das gefährliche Ding zugeht und es berührt, um seinem Mops die Harmlosigkeit zu beweisen, springt der erschrockene Hund entweder mit allen vieren gleichzeitig in die Luft oder es zieht ihm die Beine unter dem Körper weg.

Seelentröster für alle Lebenslagen

Bemerkenswert ist seine Eignung als Therapiemops in der Kranken- und der Altenpflege – während viele andere Hunde kranke oder alte Menschen meiden, setzt er sich an oder auf das Krankenbett, kuschelt sich eng an den Patienten und vermittelt den ganz festen Eindruck von „Alles wird gut".

Selbst in der schlimmsten Phase des Lebens werden Möpse erfolgreich als Therapiehunde eingesetzt: Auf der Palliativstation einer Uniklinik begleiten sie die Ärzte bei der Visite in die Krankenzimmer, und wenn es die Patienten wünschen, dürfen sie sogar auf die Betten. Sie vermitteln an diesem Ort perfekt ihre positive Einstellung.

Kleiner Stiesel?

Eines allerdings muss sein Mensch wissen, mit einem Mops hat er sich nur einen bedingt gehorsamen Hund angeschafft. Möpse sind mitunter erstaunlich schwerhörig, wenn man sie von etwas abhalten will, was momentan höchst interessant ist, oder wenn man sie zu etwas bringen will, was sie partout nicht wollen. Dieser Charakterzug wird nur durch ihre Menschenfreundlichkeit abgemildert, denn Möpse wollen ihrem Menschen gefallen – wenn dieser seine Anforderungen nicht übertreibt.

Seine Haltung ist also problemlos. Alles, was er braucht, ist Familienanschluss. Auf den allerdings kann er nicht verzichten.

Ein Mops kommt ins Haus

Sollten Sie sich für einen Mops entscheiden, müssen Sie eines wissen, dieser Hund bringt Ihnen sicher neue Freunde, er kann Sie allerdings auch alte kosten. Der Mops wird entweder geliebt oder gehasst, dazwischen scheint es nichts zu geben. Wenn Sie sich jedoch über die Vorbehalte hinwegsetzen, werden Sie bedauern, dass Sie sich erst jetzt einen solchen Schatz ins Haus geholt haben.

Erste Überlegungen

Bevor Sie sich zum ersten Mal einen Hund ins Haus holen, sollten Sie und – ganz wichtig – Ihre ganze Familie sich ganz sicher sein, dass dieser Hund – gleich welcher Rasse – auch in Ihr Leben passt. Sind Sie bereit, für die nächsten 10–15 Jahre dem Hund z. B. täglich die Bewegung zu verschaffen, die er zu seinem Wohlbefinden braucht? Sind Sie sich darüber im Klaren, dass Sie in Zukunft immer auch den Hund in die Planung all Ihrer Freizeitaktivitäten einbeziehen müssen, seien es der Feierabend, die freien Wochenenden oder der Urlaub? Und ist Ihnen bewusst, dass der Hund Geld kostet und dabei ist der Kaufpreis noch die geringste Belastung? Hunde müssen nicht nur ge-

füttert werden, regelmäßige Impfungen sind Pflicht und sie können krank werden. Futter und Tierarzt kosten Geld und das nicht zu knapp. Schließlich sei hier noch einmal Loriot zitiert: „Man muss es mit Liebe hinnehmen, wenn sich der Mops ins Wohnzimmer erbricht, was er gerne tut." Erst wenn Sie ganz sicher sind, dass Sie immer noch einen Hund wollen, können Sie sich mit dem Problem beschäftigen, welche Rasse es denn sein soll.

Es muss ein Mops sein

Ist Ihre Wahl auf einen Mops gefallen, dann gehen die Fragen weiter. Werden Sie die teils dummen, teils gehässigen Bemerkungen Ihrer Umgebung über Ihr neues Familienmitglied ignorieren können? Der Mops ist nämlich ein Hund, der die Menschen entweder entzweit oder verbrüdert. An ihm scheiden sich die Geister. Entweder man lehnt ihn entschieden ab oder schließt ihn ein für alle Mal ins Herz, dazwischen scheint es nichts zu geben. Und noch eins muss Ihnen von vornherein klar sein: Möpse haaren abenteuerlich und die Haare sind genauso anhänglich wie die Hunde selbst. Das bedeutet, über kurz oder lang werden Sie die Farbe Ihrer Garderobe diesem Umstand anpassen müssen, das heißt, Sie werden nur noch mopskompatibel gekleidet sein.

Begleitung auf Schritt und Tritt

Und das hängt auch damit zusammen, dass der Mops eine Angewohnheit hat, die nicht unbedingt jedem gefällt. Er wird Ihnen auf Schritt und Tritt folgen – nicht nur draußen – auch im Haus. Machen Sie es sich vor dem Fernseher bequem, wird der Mops neben Ihnen auf dem Sofa sitzen wollen, und ich glaube nicht, dass Sie das auf Dauer verhindern können. Betreten Sie ein anderes Zimmer, werden die anderen Familienmitglieder sofort wissen, wo Sie sind, denn der Mops wird vor der entsprechenden Tür sitzen. Wenn Sie im Wohnzimmer sind, wird der Mops mit Sicherheit nicht im Garten sein, denn kein noch so großer Garten kann ihrem Hund den persönlichen Kontakt zu Ihnen ersetzen. Wenn Sie diese Anhänglichkeit nervt, ist der Mops kein Hund für Sie.

Eine Rasse – zwei Farben, diese Beiden könnten Wurfgeschwister sein.

Etwas distanzlos

Auch werden Sie – trotz seiner höfischen Vergangenheit – beim Mops nichts von vornehmer Zurückhaltung fremden Menschen gegenüber finden. Möpse strömen auf jeden zu, sie lassen sich von jedermann streicheln, so etwas wie Distanz zum Menschen scheinen sie nicht zu kennen, sind sie doch fest davon überzeugt, dass alle sie mögen. Ihnen dieses Verhalten abzugewöhnen, hieße ihren Charakter zu verbiegen. Sie haben also die Wahl: Entweder tolerieren Sie dieses Verhalten oder Sie suchen sich eine andere Rasse aus.

Er schnarcht!

Gleiches gilt für eine weitere Besonderheit des Mopses. Er schnarcht! Dass Mopsbesitzer dieses Schnarchen nicht als störend sondern als angenehm empfinden, wird ihnen von Kritikern der Rasse sehr übel genommen. Den Mopszüchtern und ihren Zuchtvereinen wird vorgeworfen ein ernsthaftes Gesundheitsproblem einfach zu ignorieren oder zumindest zu verniedlichen. Gemeint ist aber nicht das röchelnde Geräusch, das durch Sauerstoffmangel hervorgerufen, wird und Symptom einer schweren Krankheit namens „Brachycephales Syndrom“ ist, gemeint ist ein leises, gleichmäßiges, dem sanften Schnurren von Katzen ähnliches Geräusch, das manche Möpse im Tiefschlaf von sich geben.

Falls Sie mit diesem Geräusch leben können, werden Sie – wie ich – vielleicht feststellen, dass es herrlich beruhigend und manchmal auch einschläfernd wirkt. Wenn nicht, müssen Sie sich für eine andere Rasse entscheiden. Aber bevor Sie das tun: Haben Sie schon einmal einen Schäferhund schnarchen gehört?

Wo finde ich meinen Mops?

Sind Sie immer noch fest entschlossen? Dann stellt sich sofort die Frage: Wo findet man den Traumhund? Die Antwort ist heutzutage klar, Sie gehen ins Internet, geben das Suchwort „Mopswelpen“ ein und werden erschlagen von der Fülle von Angeboten. Beim Weitersurfen sollten Sie jedoch nie vergessen, was im vorigen Kapitel gesagt wurde, der Mops liegt zurzeit voll im Trend mit all den teils sehr unerfreulichen Begleiterscheinungen, die eine solche Entwicklung nun einmal mit sich bringt.

Bei der Auswahl des Züchters sollten Sie sehr sorgfältig sein.

Das aber bedeutet, es sind nicht nur seriöse Anbieter auf dem Markt. Ganz im Gegenteil! Bei einer Ware, die stark nachgefragt ist, muss für Nachschub gesorgt werden. Wo der herkommt und wie er produziert wird, ist oft ohne Belang, ebenso leider die Bedürfnisse der Tiere – der Elterntiere wie der Welpen.

Im Wesentlichen kann man vier verschiedene Anbietergruppen unterscheiden.

Hundehändler und Vermehrer

Da sind zum einen die Hundehändler, die oft leicht zu erkennen sind, da ihre Angebote nur zum Teil rassespezifisch sind. Sie werden sie immer wieder finden, ganz gleich, nach welcher Rasse Sie suchen. Dazu gehören auch die „Vermehrer“, die Welpen in hohen Stückzahlen produzieren. Hier wird dem Kaufinteressenten oftmals die Wahl gelassen, ob er zu seinem Welpen eine Ahnentafel will oder nicht – ohne Ahnentafel ist es billiger. Wenn für Sie der Mops nur eine Ware ist, dann sind Sie hier richtig, ob Sie allerdings für einen Mops auch der richtige Mensch sind, wage ich zu bezweifeln.

Noch etwas zum Thema Ahnentafel. Diese Ahnentafel ist weder ein Adelsprädikat noch ein Wertpapier. Es ist nur eine Geburtsurkunde und gleichzeitig der Beleg dafür, dass alle auf diesem Papier dokumentierten Würfe vom diese Ahnentafel ausstellenden Zuchtverein überwacht und genehmigt wurden, dies gilt zumindest für alle seriösen Vereine. Eine Ahnentafel ohne den dazugehörigen Hund ist vollkommen wertlos. Was glauben Sie, macht der Händler mit der Ahnentafel, die ein Käufer nicht will? Er gibt sie einfach dem nächsten Hund mit. Im normalen Leben nennt man so etwas Urkundenfälschung.

„Hobbyzüchter“

Schwerer zu erkennen als das, was sie sind, sind diejenigen, die behaupten, sie seien nur „Hobbyzüchter“ und sie hätten nur deshalb Welpen, weil sie unbedingt von ihrer schönen Hündin Kinder haben wollten und da in der Nachbarschaft gerade ein Rüde derselben Rasse lebt, sei die Gelegenheit günstig gewesen. Immer wieder zu hören ist auch die Behauptung, der Tierarzt habe zu diesem Wurf geraten, um künftige Scheinschwangerschaften zu verhindern. – Wenn das stimmen würde, wäre dies ein recht zweifelhafter ärztlicher Rat. Eine dazu neigende Hündin wird immer wieder scheinträchtig, ob sie nun schon einmal Welpen hatte oder nicht. Es mag sein, dass aus den genannten Gründen tatsächlich einmal ein Mopswurf in die Welt gesetzt wird.

In der Regel allerdings dürfte es sich bei diesen Leuten um Vermehrer handeln, die sich das Mäntelchen des wahren Tierfreundes lediglich umgehängt haben, weil sie wissen, was der Kunde sehen will. Daher sollte man genau hinschauen, was das für Leute sind. Diese Verkaufsmasche finde ich übrigens besonders perfide.

Im Spiel mit der Mutter und den Geschwistern lernt der Welpe schon früh, wie man sich als Hund unter Hunden zu benehmen hat.

Diese Mini-Möpschen sind erst wenige Tage alt und kuscheln sich eng an Mutter und Geschwister, um warm zu bleiben.

„Retter" der Rasse

Des Weiteren werden Sie die Vereine finden, die sich – der in ihren Augen unbedingt erforderlichen – Rettung der Rasse Mops verschrieben haben. Diese Rasse ist nämlich – so behaupten sie unentwegt – krank und nur sie haben dies auch erkannt und tun als Einzige etwas dagegen. Was Generationen von Züchtern, die sich an den internationalen Mopsstandard gehalten haben, in Jahrzehnten angerichtet haben, das bringen diese Zauberer innerhalb kürzester Zeit wieder in Ordnung.

Im Übrigen verhalten sich diese selbst ernannten Retter der Rasse recht eigenartig: Sie kämpfen zwar bis hin zu den obersten Gerichtsinstanzen um ihre Anerkennung durch den VDH und seine Vereine, sie drängen auf die Ausstellungen und in die Zuchtbücher der VDH-Vereine, weigern sich aber, dort Mitglied zu werden. Warum wohl?

Das bisher Gesagte gilt natürlich in vollem Umfang auch für diejenigen, die ihre Hunde per Zeitungsanzeige anbieten, mit einem Unterschied vielleicht: Der Anteil der „Hobbyzüchter" ist hier höher als im Internet und die im nächsten Kapitel behandelten VDH-Züchter werden Sie selten oder gar nicht finden.

VDH-Züchter

Und schließlich finden Sie auch die Züchter, die in einem der beiden im „Verband für das Deutsche Hundewesen" (VDH) organisierten Zuchtvereine für die Rasse Mops Mitglied sind. An diese Züchter – das ist die ganz klare Empfehlung der Autorin – sollten Sie sich halten.

Bestimmungen für Züchter

Bei den Hundehändlern und Vermehrern können Sie davon ausgehen, dass ganz selbstverständliche Bestimmungen des Tierschutzes, die in den Zuchtordnungen aller seriösen Zuchtvereine verankert sind, missachtet werden. Das sind u. a. Mindest- und Höchstalter der Zuchttiere – insbesondere der Hündin, dass genügend Abstand zwischen zwei Würfen gelassen wird, Beschränkung der Zahl der Würfe, die eine Hündin höchstens in ihrem Leben großziehen darf, zeitweilige Zuchtsperren nach zu großen Würfen oder endgültige Zucht-

Info | Zuchtvereine

In Deutschland werden unter dem Dach des Verbandes für das Deutsche Hundewesen (VDH) die Möpse von zwei Zuchtvereinen betreut, dem Deutschen Mopsclub (DMC) und dem Verband Deutscher Kleinhundezüchter (VK). In der Schweiz ist für die Möpse der Schweizerische Zwerghundeclub zuständig, in Österreich der Österreichische Mops Club (ÖMC). Adressen und Internetverbindungen finden Sie im Serviceteil.

sperre nach einem wiederholten Kaiserschnitt, Zuchtverbote für Hunde, die bestimmte gesundheitliche oder charakterliche Voraussetzungen nicht erfüllen und dann natürlich die Bestimmungen, die sich mit der Unterbringung der Hunde befassen und genauso wichtig die Bestimmungen über das Mindestabgabealter der Welpen, damit diese nicht zu früh von der Mutter und den Geschwistern getrennt werden, und natürlich die Selbstverständlichkeit, dass die Welpen bei der Abgabe an die neuen Besitzer gesund, entwurmt und vollständig geimpft sind.

Dass solche Regeln dabei hinderlich sind, schnell und problemlos Geld zu verdienen, ist offensichtlich. Es ist daher übrigens auch nicht verwunderlich, dass der weitaus größte Teil der in Deutschland verkauften Möpse nicht von VDH-Züchtern stammt, sondern von Leuten, die genau wissen, warum sie dort kein Mitglied sind.

Schnelles Geld für schwarze Schafe

Den Händlern ist es auch völlig gleichgültig, wo sie ihre Tiere herbekommen. Sie beschaffen sich ihre Hunde aus irgendwelchen Hinterhofzuchten oder vielfach aus dem Ausland für billiges Geld und verkaufen die in der Regel viel zu jungen, in den seltensten Fällen geimpften und entwurmten Welpen für teures Geld an die kaufwillige Kundschaft. Hauptsache, der Nachschub rollt. Die Gewinnspanne bei diesem Geschäft ist nämlich gewaltig. Die Welpenkäufer jedoch, die glauben, ein Schnäppchen gemacht zu haben, weil die Welpen deutlich preiswerter waren als beim VDH-Züchter, tragen in den kommenden Jahren nicht selten ein Vielfaches des ersparten Geldes zum Tierarzt.

Mutter mit Welpen – was gibt es Schöneres?

Dem Hobbyzüchter, der tatsächlich nur einen Wurf hatte, kann man solche Bösartigkeiten im Allgemeinen nicht unterstellen. Hier besteht jedoch eine gewisse Wahrscheinlichkeit, dass die mangelnde Kompetenz des Züchters zur Gefahr sowohl für die Mutterhündin als auch für die Welpen werden kann.

Keine Aussicht auf Beratung

Eines haben die Hundehändler, Vermehrer und Hobbyzüchter allerdings gemeinsam. Eine Hilfestellung bei der weiteren Aufzucht Ihres Welpen werden Sie nicht erhalten. Bei Problemen gleich welcher Art, wie man z. B. den gerade erworbenen Welpen stubenrein bekommt oder wie man ihn füttern muss, wann die nächste Impfung fällig ist oder was zu tun ist, wenn der Kleine sich nicht mit anderen Hunden verträgt, werden Sie sich anderweitig Rat und Hilfe holen müssen. Dann schlägt immer öfter die Stunde der als Profi verleumdeten VDH-Züchter und viele wenden sich in ihrer Sorge um den kleinen Hund an den Verein, dessen Welpen ihnen vorher zu teuer waren – in der sicheren Erwartung, dass sie hier sachkundig beraten werden.

Garantie gibt es keine

Natürlich kann auch kein VDH-Züchter einem Käufer garantieren, dass seine Welpen nie krank werden, dass sie ein hohes Alter erreichen und charakterlich absolut einwandfrei sind. Hunde sind Zivilisationsgeschöpfe, sie unterliegen z. B. denselben Umwelteinflüssen wie wir Menschen auch.

Info Welpenvermittlung

Die Welpenvermittlungsstellen der deutschen Zuchtvereine für Möpse sind unter folgenden Telefonnummern zu erreichen:
Deutscher Mopsclub – Inge Weßling, Tel. 02268-1494 (gebührenfrei)
Verband Deutscher Kleinhundezüchter: Tel. 0700 55 34 64 86

Auf eines allerdings können Sie sich verlassen, die Zuchtordnung und alle darin enthaltenen Tierschutzbestimmungen werden strikt eingehalten, und sollte ein Züchter doch einmal dagegen verstoßen, dann hätte er mit Strafen über ein absolutes Zuchtverbot, bis hin zum Vereinsausschluss zu rechnen. Die Züchter unterwerfen sich jedoch freiwillig all diesen Vorschriften, wissen sie doch, dass diese kein Selbstzweck sind. Die meisten von ihnen würden sie auch einhalten, wenn sie nicht in den Ordnungen der Vereine festgeschrieben wären, einfach deshalb, weil diese Regeln eigentlich nur Selbstverständlichkeiten enthalten.

Zuchtleitung und Zuchtwarte

Gewährleistet wird die Einhaltung der Zuchtordnung durch die Zuchtleitung, die Zuchtbuchführung und die Zuchtwarte, die im Auftrag der Zuchtleitung die Verhältnisse vor Ort überprüfen. Jede Zuchtstätte wird überprüft, bevor der Züchter zum ersten Mal eine Hündin decken lassen darf. Ist der Wurf gefallen, werden Mutterhündin und Welpen zum Teil mehrmals vom Zuchtwart in Augenschein genommen. Natürlich darf nur mit Tieren gezüchtet werden, die zuchttauglich sind und die keiner zeitweiligen Zuchtsperre unterliegen, weil z. B. der letzte Wurf noch nicht lang genug her ist. (Zu den Zuchtvoraussetzungen siehe Seite 38, 39)

Und noch ein Tipp für alle, die ganz sicher sein wollen, dass sie an seriöse Züchter verwiesen werden. Die Zuchtvereine des VDH unterhalten Welpenvermittlungsstellen, die jederzeit darüber informieren können, welcher Züchter gerade Welpen abzugeben hat oder wo ein Wurf erwartet wird.

Beutefang ist wichtig, auch wenn es nur eine Blüte ist.

Auch aus diesem kleinen Kerl wird mal ein kraftvoller großer Rüde.

ihm auch ältere Tiere vorfinde, mit denen z B. aus Altersgründen nicht mehr gezüchtet werden kann oder die nicht oder nicht mehr ausgestellt werden können, ganz selbstverständlich aber in ihrer gewohnten Umgebung bleiben und alt werden dürfen.

Trotzdem kann es auch mal vorkommen, dass sich ein Züchter von älteren Tieren trennen muss. Eine diesbezügliche Nachfrage bei den Welpenvermittlungsstellen kann sich daher unter Umständen lohnen.

Weitere Überlegungen

Bevor Sie gleich den im Internet gefundenen Züchter oder die Welpenvermittlungsstelle der Vereine kontaktieren, sollten Sie sich schon einmal über einige Dinge Gedanken gemacht haben.

Welpe oder älterer Mops

Soll es wirklich ein Welpe sein oder nicht eher ein etwas älterer Mops? Sollte dies der Fall sein, dann kann es schwierig werden, denn seriöse Züchter geben normalerweise keine erwachsenen Tiere ab. Für mich ist es so etwas wie ein Qualitätsmerkmal, zumindest aber ein Hinweis darauf, wie der Züchter zu seinen Tieren steht, wenn ich bei

„Notmops"

Alternativ bieten sich die Notmopsvermittlungsstellen an. Hier findet sich immer mal wieder ein armer kleiner Mops, der aus welchen Gründen auch immer ein neues Zuhause sucht. Solche Tiere werden nicht verkauft, sondern gegen eine geringe Schutzgebühr – nicht etwa an den Vorbesitzer, sondern an die vermittelnde Organisation – an die neuen Besitzer abgegeben. Die Tatsache, dass solche Hunde in aller Regel deutlich günstiger zu haben sind, macht sie jedoch nicht unbedingt zum Schnäppchen, denn häufig sind Notmöpse traumatisiert, gesundheitlich angeschlagen oder schon recht alt. Wer einen solchen Mops aufnimmt, muss damit rechnen, dass er in zeitlicher und finanzieller Hinsicht deutlich mehr gefordert wird, als dies bei einem normalen Welpenkauf der Fall wäre. Er hat allerdings auch die Genugtuung, einem im Wortsinn armen Hund zu etwas mehr Lebensfreude verholfen zu haben.

Rüde oder Hündin

Ganz wichtig ist natürlich auch: Soll Ihr neues Familienmitglied ein Rüde oder eine Hündin sein? Sie müssen sich entscheiden: Wollen Sie zweimal im Jahr für etwa drei Wochen etwas schwierigere Spaziergänge durchstehen oder darauf für eine Weile ganz verzichten, weil sonst alle Rüden auf der Hundewiese hinter Ihrer heißen Hündin her sind oder lieber einen Rüden, der es mit dem Pfadfindermotto „Allzeit bereit“ hält und diese Bereitschaft u. A. dadurch zeigt, dass er unterwegs jeden Grashalm markiert, wenn er eine heiße Hündin wittert. Mopsrüden unterscheiden sich in dieser Hinsicht überhaupt nicht von irgendeinem anderen Rüden. Darüber hinaus ist das eine reine Frage der Optik. Denn bei den Möpsen unterscheiden sich die Geschlechter deutlich voneinander. Der Rüde ist in der Regel schwerer als die Hündin, er hat den deutlich größeren Kopf, eine breitere Frontpartie. Im Zusammenleben mit dem Menschen und den übrigen Haustieren besteht dagegen kein Unterschied. Sollten Sie allerdings mit dem Gedanken spielen, selbst in die Mopszucht einzusteigen, dann kommt natürlich nur eine Hündin infrage. Den zur Zucht erforderlichen Rüden finden Sie leicht in den Deckrüdenlisten der Zuchtvereine.

Zwei Welpen machen dreifaches Vergnügen aber kaum mehr Arbeit als nur einer.

Wenn Sie sich für zwei Möpse entscheiden, sollten Sie zwei mit dem gleichen Geschlecht wählen.

Hell oder Schwarz

Möpse gibt es in zwei verschiedenen Farbvarianten, rein schwarz oder beige mit schwarzen Abzeichen. Dabei werden die verschiedenen Farbschläge nicht getrennt gezüchtet. In einem Wurf können beide Farben vertreten sein. Das heißt aber auch, dass es außer der Farbe keinerlei Unterschiede zwischen ihnen gibt. Bis auf einen: Es kommt vielleicht darauf an, was Ihnen lieber ist, schwarze Haare auf der weißen Bluse oder helle Haare auf der schwarzen Hose.

Gleich zwei Möpse

Relativ häufig taucht beim Mops die Überlegung auf, ob nicht gleich zwei Welpen ins Haus geholt werden sollen. Aus meiner eigenen Erfahrung kann ich das nur befürworten. Wir haben unser Mopsleben mit zwei Wurfbrüdern begonnen und diese Entscheidung nie bereut. Ob ich das allerdings auch sagen könnte, wenn wir damals nicht zwei Rüden, sondern ein Pärchen genommen hätten, ist sehr zweifelhaft. Es muss nämlich leider festgestellt werden, dass Mopsrüden, die eine unkastrierte Hündin – gleich welcher Rasse übrigens – ihr Eigen nennen, ihr Besitzrecht an dieser Hündin unentwegt unterstreichen müssen und das kann ein Hund nur auf eine Weise tun, er markiert sein Revier.

Zu seinem Revier gehört aber nicht nur der Garten, sondern auch die Wohnung – Teppichboden hin, Teppichboden her. Weil eine normale mitteleuropäische Hausfrau dieses Verhalten jedoch kaum tolerieren dürfte, wären die Konsequenzen für die Hunde dramatisch: Entweder einer der Hunde wird abgeschafft oder einer oder sogar beide werden kastriert. Weil ich großen Wert darauf lege, dass von mir gezüchtete Hunde nicht nach kurzer Zeit ihr gerade gefundenes Zuhause schon wieder aufgeben müssen, habe ich bis auf eine wohlbegründete Ausnahme noch nie ein Pärchen abgegeben und noch nie einem Rüdenbesitzer eine Hündin verkauft oder zu einer Hündin einen Rüden gegeben.

Zwei Möpse gleichen Geschlechts lassen sich dagegen problemlos halten und eines steht fest: Zwei Möpse machen zwar nicht doppelt so viel Arbeit wie einer, bereiten jedoch ein Vielfaches an Freude.

Ein Mops und ein größerer Hund

Wenn Sie mit dem Gedanken spielen, statt eines zweiten Mopses einen größeren Hund dazuzunehmen, dann sollten Sie den größeren Hund als Ersten ins Haus holen und etwas später den Mops. Für den kleinen Mops ist es nämlich leichter, von vornherein einem großen Chef untergeordnet zu sein, als von einem womöglich halbstarken Rüpel die Vorrangstellung streitig gemacht zu bekommen. Es kann allerdings vorkommen, dass der Ältere anfänglich eifersüchtig auf den Neuen reagiert. Ist das so, dann bestrafen Sie den Großen nicht etwa, wenn er den Kleinen zunächst etwas grob anmacht, behandeln Sie ihn vielmehr besonders liebevoll. Dann wird der „Erstgeborene" das Erscheinen des Welpen nur mit etwas Angenehmem verbinden und das wiederum kommt dem kleinen Mops zugute.

Wollen Sie sich beide Hunde gleichzeitig anschaffen, dann bedenken Sie bitte, dass Welpen im Umgang miteinander zuweilen sehr grob sind und wenn einer von beiden viel mehr Gewicht in den spielerischen Kampf einbringen kann – und der Unterschied kann selbst bei erst vier- oder fünfmonatigen Welpen erheblich sein – dann kann das für den kleineren Hund unter Umständen gefährlich werden.

Nach dem Standard soll die Zunge bei geschlossener Schnauze nicht zu sehen sein – auf einer Ausstellung hätte dieser Mops keine Chance.

Gegenseitige Fellpflege ist ein gewohntes Bild, wenn mehrere Möpse zusammenleben.

Erste Kontaktaufnahme

Alles ist bedacht und Sie nehmen Kontakt zum Züchter auf. Nachdem Sie am Telefon erfahren haben, dass dieser genau den Welpen abzugeben hat, der nach Geschlecht und Farbe Ihren Vorstellungen entspricht, vereinbaren Sie den ersten noch ganz unverbindlichen Besuchstermin. Bevor es allerdings zu dieser Terminvereinbarung kommen wird, werden Sie dem Züchter einiges über sich, Ihre Familie und Ihr Zuhause erzählen müssen, denn ein verantwortungsvoller Züchter will genau wissen, wo seine Hunde hinkommen. Und auch Sie sollten sich nicht scheuen, dem Züchter die Fragen zu stellen, die Ihnen wichtig sind.

Der Kaufpreis

Zu diesen Fragen gehört natürlich auch die Frage nach dem Kaufpreis. Kein vernünftiger Züchter wird Ihnen diese Frage verübeln, wenn Sie nicht den Eindruck erwecken, das sei das Wichtigste überhaupt. Hierbei sollten Sie Folgendes bedenken. Die gewissenhaft durchgeführte Aufzucht eines Welpen kostet den Züchter mehrere Hundert Euro. Bezahlt werden müssen der Unterhalt der Mutterhündin, Tierarztkosten für die Vor- und Nachsorge sowohl der Hündin als auch der Welpen. Impfkosten, Futterkosten für die Welpen bis zur 10. Woche (dann erst dürfen sie nach der Zuchtordnung des Mopsclubs im Normalfall abgegeben werden), Gebühren an den Verein für die Wurfkontrollen, die Eintragung in das Zuchtbuch und die Erteilung der Ahnentafel, um nur einiges zu nennen. Wenn Ihnen also ein Welpe zu einem Kaufpreis angeboten wird, der deutlich unter dem liegt, den ein VDH-Züchter verlangt, dann können Sie getrost davon ausgehen, dass Sie es mit einem Hundehändler zu tun haben. Auf der anderen Seite

Kleine Mopswelpen sind einfach bezaubernd. Wenn man den Züchter besucht, ist es gar nicht so leicht, sich für einen Welpen zu entscheiden.

ist ein hoher Preis natürlich keine Garantie für die Seriosität des Welpenverkäufers. Eines aber gilt in jedem Fall, wie hoch auch immer der Kaufpreis ist, bei den Gesamtkosten, die ein Hund verursacht, fällt er nicht sehr ins Gewicht.

Besuch beim Züchter

Wenn Sie dann beim Züchter sind, schauen Sie sich genau um. Wie sind Mutter und Welpen untergebracht, wie verhalten sich die übrigen im Haus lebenden Hunde gegenüber ihren Menschen und gegenüber dem Besucher? Je mehr Einblick man Ihnen gewährt, desto sicherer können Sie sein, dass Sie sich bei einem guten Züchter befinden. Zeigt man Ihnen dagegen nur die Welpen oder sogar nur den einen, den man verkaufen will, dann sollten Sie den Besuch rasch beenden. Das Gleiche gilt übrigens, wenn man Ihnen nur den „Verkaufsraum“ zeigt. Möpse sind Familienhunde, sie gehören in die Wohnung und das gilt erst recht für eine Hündin mit ihren Welpen.

Der passende Welpe

Gefällt Ihnen jedoch, was Sie sehen und haben Sie auch vom Züchter einen guten Eindruck, dann werden Sie für Ihre bisher aufgewandte Sorgfalt belohnt. Der Züchter zeigt Ihnen die Welpen und Sie sehen zum ersten Mal Ihr künftiges Familienmitglied. Wenn Sie das Glück haben, sich Ihren Welpen aus mehreren aussuchen zu können, dann werden Sie schnell feststellen, dass es gar nicht so einfach ist, sich für einen zu entscheiden, sie gefallen Ihnen nämlich alle. Sie sollten sich deshalb bei der Auswahl vom Züchter helfen lassen.

Besuchszeiten

Jetzt heißt es abwarten. Ich weiß aus eigener Erfahrung, dass die Zeit, bis der kleine Mops endlich ins Haus kommt, sehr lang werden kann. Deshalb sollten Sie sich das Vergnügen machen und nach Absprache mit dem Züchter den Kleinen bis zum Abholtag mindestens einmal besuchen. Ein guter Züchter wird sogar Wert darauf legen, dass Sie Ihren Welpen einmal, wenn es eben geht auch mehrfach, besuchen, bevor Sie ihn abholen und als Dankeschön sozusagen wird er Sie wieder erkennen und sich über ihren Besuch freuen.

Notwendige Vorbereitungen

Die Wartezeit haben Sie genutzt, um all die Utensilien zu besorgen, die der Neuankömmling benötigt: Hundekorb nebst dazugehöriger Decke, Futter- und Wassernapf, Spielzeug, Halsband oder Geschirr und was Ihnen noch so eingefallen ist. Auch sollten Sie Wohnung und – sofern vorhanden – Garten welpensicher machen. Das heißt, zumindest in der ersten Zeit darf der Kleine keine Chance bekommen, irgendwelche Elektrokabel anzuknabbern. Den Zugang zu Treppen versperren Sie am besten durch kleine Gitter. Der Garten sollte ausbruchssicher sein, d.h., ein dichter Zaun wäre sehr zweckmäßig. Der kleine Mops hat zwar überhaupt keine Ambitionen, die große weite Welt ohne Sie kennenzulernen, aber sein Spieltrieb könnte ihn in gefährliche Situationen bringen, z.B. durch Straßenverkehr. Eine mögliche Gefahr stellt auch ein Gartenteich dar. Hunde, auch Welpen, können in der Regel zwar schwimmen, ob sie allerdings wieder ans Ufer finden und den Teich verlassen können, ist nicht so sicher, bei einem steilen Ufer haben selbst ältere Hunde kaum eine Chance.

Zuchtvoraussetzungen

Bestimmte Voraussetzungen

Nach der Zuchtordnung des Deutschen Mopsclubs dürfen Möpse als Familienhunde weder im Zwinger gehalten werden noch innerhalb des Hauses in separaten Räumen oder in Käfigen. Außerdem müssen etliche Voraussetzungen erfüllt sein, damit ein Züchter überhaupt züchten darf und ein Hund die Zuchtzulassung erhält.

Anforderungen an den Züchter

Den Antrag auf Zwingerschutz, also die Zuteilung eines national oder auch international geschützten Namens, unter dem ein Züchter seine Hunde züchtet, kann erst gestellt werden, wenn der angehende Züchter wenigstens zwei vom Mopsclub oder dem VDH durchgeführte Züchterseminare besucht hat. Schließlich wird die Zuchtstätte – das heißt die Wohnung – von einem Zuchtwart des Mopsclubs eingehend im Hinblick auf die Unterbringung der Hunde und die Auslaufmöglichkeiten kontrolliert.

Anforderungen an die Hunde

Eine Hündin darf frühestens im Alter von 15 Monaten gedeckt werden, ein Rüde muss mindestens ein Jahr alt sein. Vorher müssen sie natürlich zur Zucht zugelassen werden. Voraussetzung für eine Zuchtzulassung ist eine Ausstellungsbewertung von mindestens „Sehr gut", eine von einem eigens dazu ausgebildeten Tierarzt durchgeführte Patellauntersuchung und die bestandene Zuchtzulassungsprüfung. Diese Prüfung besteht aus drei Teilen, einer Formwertbeurteilung durch einen Zuchtrichter, einem vor einem Tierarzt abgelegten Belastungstest und einem Wesenstest. Zusätzlich muss von allen Zuchttieren ein DNA-Status erstellt werden.

Wurfabnahme

Im DMC sollen die Welpen erst im Alter von 10 Wochen abgegeben werden. Es erfolgt daher in der 9. Woche die Wurfabnahme durch einen Vereinszuchtwart. Dieser überprüft den Zustand von Welpen und Mutterhündin. Er kontrolliert anhand der Impfpässe, ob die Welpen vorschriftsmäßig geimpft sind, das vorgeschriebene Mindestgewicht von zwei Kilo erreicht haben und der Mikrochip implantiert ist. Gleichzeitig wird natürlich bei jeder Wurfabnahme die Unterbringung von Mutter und Welpen überprüft. Bei Erstzüchtern erfolgt zusätzlich eine Wurfabnahme in der ersten Woche.

Zuchtbeschränkungen und Schutzfristen

Eine Hündin darf nur einen Wurf in zwölf Monaten großziehen. Nach Vollendung des siebten Lebensjahres und nach zwei Kaiserschnitten kann nicht mehr mit ihr gezüchtet werden. Außerdem darf sie in ihrem Leben insgesamt nur vier Würfe haben. Hündinnen, die mehr als sechs Welpen großziehen, dürfen erst nach einer Schutzfrist von 15 Monaten wieder belegt werden.

Auswahl der Welpen

Wenn Sie als Interessent sich von mehreren Welpen einen aussuchen sollen, sind Sie normalerweise zunächst ziemlich überfordert. Lassen Sie sich Zeit. Sie werden feststellen, dass sich schon bei diesen erst wenige Wochen alten kleinen Möpsen Unterschiede im Verhalten zeigen, die man aber natürlich nicht sofort erkennen kann. Vielfach haben Sie ohnehin keine volle Auswahl mehr, weil andere vor Ihnen da waren und ein oder mehrere Jungtiere bereits vergeben sind. Auf jeden Fall sollten Sie sich vom Züchter beraten lassen. Dieser hat ein hohes Interesse daran, dass jeder seiner Welpen den passenden Menschen findet.

Ein gewissenhafter Züchter übergibt dem Welpenkäufer alle wichtigen Unterlagen wie Impfpass, Ahnentafel und Kaufvertrag.

Der Welpe wird abgeholt

Endlich ist er da, der Tag, an dem der Kleine abgeholt werden kann. Sie packen Ihre ganze Familie ins Auto und los geht es. Beim Züchter können Sie es gar nicht erwarten, dass er Ihnen den Welpen in den Arm legt. Doch bevor Sie sich auf den Heimweg machen, sind natürlich noch die üblichen Formalitäten zu erledigen. Der Züchter händigt Ihnen die Ahnentafel und den Impfpass aus, aus denen sich unter Anderem auch die Chipnummer ergibt. Außerdem gibt er Ihnen noch das Futter für die ersten paar Tage mit, damit das Verdauungssystem des Welpen durch die Umstellung nicht unnötig belastet wird, eine kleine Decke oder Handtuch, das die vorige Nacht noch zusammen mit den Welpen in der Welpenkiste gelegen hat. (Diese Schmusedecke mit dem heimischen Geruch begleitet viele Hunde ihr Leben lang und wird heiß geliebt), ein heimisches Spielzeug – mit Vorliebe ein waschbares Plüschtier, ein passendes Halsband – das von Ihnen gekaufte ist nämlich viel zu groß und – ganz wichtig – einen Futterplan für die ersten Wochen. An diese Fütterungsanleitung sollten Sie sich auch unbedingt halten, wenn Sie nicht bereits über eigene Hundeerfahrungen verfügen.

Der Heimweg

Auf dem Heimweg sitzt der Welpe dann auf dem Schoß eines Familienmitglieds und drückt sich eng an den Menschen. Nach kurzer Zeit schläft er meist ein. Für den kleinen Kerl war es bisher ein ziemlich anstrengender Tag. Bis jetzt hat er – typisch für Welpen in diesem Alter – immer mal wieder ein Nickerchen eingelegt, heute aber ist er noch gar nicht zum Schlafen gekommen, den fehlenden Schlaf holt er daher jetzt nach. Voraussetzung für diese entspannte Heimfahrt ist natürlich, dass der Welpe bereits an das Autofahren gewöhnt ist. Das ist bei den meisten Mopswelpen auch der Fall. Zumindest bei den notwendigen Fahrten zum Tierarzt zum Impfen und Chippen haben sie es geübt.

Für den Züchter ist das Ganze übrigens eine frustrierende Angelegenheit. Da hat er sich die letzten zehn Wochen 24 Stunden am Tag um die Welpen gekümmert und jetzt drehen sich diese noch nicht einmal um, wenn sie das Haus verlassen. Doch genau so muss es sein.

Stubenreinheit

Zu Hause angekommen setzen Sie den kleinen Hund auf ein Stückchen Wiese, wo er sich lösen kann. Das klappt fast immer und dann loben Sie ihn bitte überschwänglich – es ist der erste Schritt zur Stubenreinheit.

In der Wohnung lassen Sie ihrem Neuzugang erst mal die Zeit, um sich umzusehen. Er wird sich nach und nach die ganze Wohnung erobern. In sein Körbchen legen Sie die Schmusedecke und sein Spielzeug. Der gefüllte Wassernapf steht auch schon da. Jetzt wird es Zeit für die erste Mahlzeit, bestehend aus dem vom Züchter mitgegebenen gewohnten Futter. Danach geht es sofort wieder hinaus zum Lösen. Denn es hängt zu 99 % von Ihrer Aufmerksamkeit ab, wie schnell der Kleine stubenrein wird. Die wichtigsten Regeln hierzu sind: nach jeder Mahlzeit, nach dem Schlafen, nach jedem wilden Spielen: hinaus. Wenn der Welpe interessiert suchend mit der Nase am Boden durchs Zimmer läuft: ganz schnell hinaus, denn was er sucht, ist kein Spielzeug, sondern ein Plätzchen zum Pipimachen.

Alle zwei Stunden vor die Tür

Ohnehin sollten Sie anfangs alle zwei Stunden mit ihm rausgehen, dann abends vor dem allgemeinen Schlafengehen und morgens als Erstes nach dem Aufwachen. Und Sie müssen ihn immer wieder ausgiebig loben für jedes noch so kleine Pfützchen. Das alles ist zwar ein wenig mühsam, aber es lohnt sich. Halten Sie das nur ein paar Tage durch, haben Sie mit etwas Glück rasch einen stubenreinen Hund.

Nicht bestrafen

Sollte es nun doch einmal im Haus passiert sein, bestrafen Sie den Kleinen bitte nicht. Eine spätere Bestrafung macht ohnehin keinen Sinn, denn er wird diese mit der „Untat" nicht in Verbindung bringen. Eine solche für den Hund sinnlose Bestrafung hilft nicht, kann aber enorm schaden. Sollten Sie also im Haus ein Pfützchen oder Häufchen entdecken, entfernen Sie es einfach und lassen es gut sein. Wenn Sie ihn auf frischer Tat ertappen, nehmen Sie ihn hoch und tragen ihn hinaus. Sollte er dann draußen sein Geschäft beenden – Sie wissen schon – loben, loben und nochmals loben!

Ist der Welpe erst einmal bei Ihnen, müssen Sie ihm Mutter und Geschwister ersetzen. Jetzt hat er nur noch Sie.

Anfangs ist der Welpe noch etwas unsicher, aber schon bald wird er seine neue Umgebung erkunden.

Die nächsten Wochen

Wo der Welpe schläft

Und dann noch ein ganz heikles Thema: Wo soll der Hund schlafen? Dabei sollten Sie eines bedenken: Bisher war der Kleine nachts nie allein, er konnte inmitten seiner Geschwister schlafen und deren Atmen hören.

Sperren Sie ihn also bitte nicht allein in ein Zimmer. Stellen Sie lieber sein Körbchen neben Ihr Bett, sodass Sie ihn, wenn er unruhig wird, kurz berühren können. So riecht und hört er Ihre Gegenwart und fühlt sich nicht verlassen. Es ist nicht notwendig, ihn mit ins Bett zu nehmen. Wenn Sie sich jedoch dafür entscheiden sollten, muss Ihnen klar sein, dass das eine Entscheidung fürs Leben ist. Der Mops wird die Bequemlichkeit des Bettes und die Nähe des Menschen nie mehr missen wollen. Und wie wollen Sie ihm, ohne dass er das als grobe Strafe empfindet, beibringen, dass er das irgendwann vielleicht doch nicht mehr darf? Im Übrigen geht es niemand etwas an, wie und mit wem Sie Ihre Nächte verbringen.

Feste Strukturen

In den nächsten Tagen und Wochen wird der Neuankömmling sich an seine neue Umgebung und an neue Menschen gewöhnen müssen. Ob und wie rasch ihm das gelingt, hängt ganz wesentlich von Ihrem Einfühlungsvermögen ab.

Im neuen zu Hause wird jede Einzelheit genauestens untersucht.

Dabei dürfen Sie nicht vergessen, dass unsere Hunde – selbst unsere Möpse, so sehr der Augenschein auch dagegensprechen mag – vom Wolf abstammen, einem Tier, das nur im Rudel, also in einem Sozialverband mit einer fest gefügten Hierarchie, auf Dauer überleben kann. Dieses Erbe hat sich bis heute trotz jahrtausendelanger Domestikation erhalten. Das aber heißt, dass der Hund darauf angewiesen ist, Mitglied einer funktionierenden Gruppe zu sein. Kein Hund leidet darunter, wenn er in einer solchen Gruppe der Rangniederste ist, er fühlt sich dagegen äußerst unwohl in einer Gemeinschaft, in der niemand oder jeder etwas anderes zu sagen hat.

Das bedeutet ganz praktisch, dass die Familienangehörigen sich darüber einig sein sollten, was der kleine Kerl darf und was nicht. Wenn der Vater ihn auf das Sofa lässt, die Mutter dagegen nicht, wenn der Sohn ihm erlaubt, die Stiefmütterchen auszubuddeln, die Tochter es ihm jedoch verbietet, dann werden all ihre Erziehungsversuche vergebens sein.

Die Sache mit dem Betteln

In diesen Zusammenhang gehört auch das lästige Betteln bei Tisch. Dazu sollte man wissen: Kein Hund wird als Bettler geboren, er wird dazu gemacht. Wenn er von einem Familienmitglied einmal etwas vom Tisch bekommen hat, ohne dass er darum betteln musste, wird er in Zukunft bei jeder Mahlzeit Gleiches erwarten. Wenn er nichts bekommt, wird er darum betteln – und widerstehen Sie mal auf Dauer den bittenden Augen eines Mopses!

Erziehung benötigt Stehvermögen

Und ein Weiteres werden Sie für eine erfolgreiche Erziehung benötigen: Stehvermögen. Ihr kleiner Mops wird nämlich austesten, wie weit er bei Ihnen gehen kann. Er wird das, was ihm verboten wurde, immer und immer wieder versuchen, und Ihre Aufgabe wird es sein, es ihm immer und immer wieder zu verbieten. Und wenn ihm verboten wird, an einem Stuhlbein zu nagen, dann wird er seine Zähne eben am Tischbein ausprobieren, und wenn Sie ihn daran hindern, die Zeitung zu

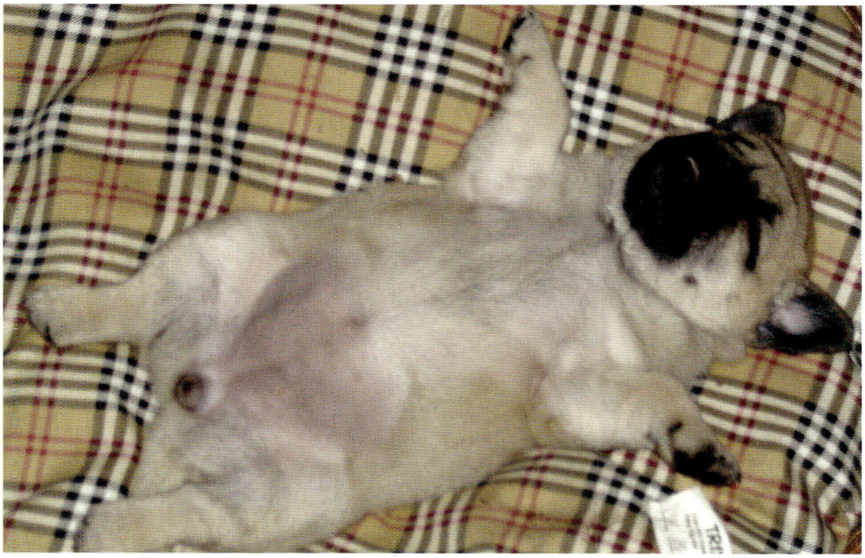

Kaum ein Lebewesen kann entspannter schlafen als ein Mopswelpe.

zerreißen, dann wird er sich einen Pantoffel vornehmen. Von einer Bestrafung, Schlägen, das gilt auch für die immer noch oft empfohlenen Schläge mit einer zusammengerollten Zeitung, sollten Sie übrigens absehen, Sie wollen doch, dass Ihr Hund Ihnen vertraut und nicht vor Ihrer Hand zurückschreckt. Es gibt auch andere Möglichkeiten, den Kleinen daran zu hindern, etwas Verbotenes zu tun. In diesem Zusammenhang sollte er die Bedeutung von „Nein" oder „Pfui" begreifen.

Auf Entdeckerpfoten

Zur Eroberung der Wohnung gehört übrigens nicht nur, dass der Neue in jede noch so kleine Ecke kriecht oder, solange es größenmäßig noch geht, auch den Raum unter Schrank oder Kommode untersucht, er wird auch ausdauernd versuchen, die Treppe hochzuklettern oder auf das Sofa zu springen. Solange Sie ihm den Platz auf dem Sofa nicht prinzipiell verbieten, ist dagegen auch nichts einzuwenden. Doch achten Sie unbedingt darauf, dass er nur dort wieder hinunterspringt, wo er auch mit einem Sprung hingekommen ist. Sie sollten ihn übrigens bis zu einem Alter von sechs Monaten nicht regelmäßig die Treppe hinunterlaufen lassen, damit die Schultergelenke nicht übermäßig beansprucht werden.

Natürlich können Sie mit Ihrem Welpen auch spazieren gehen, doch auch hier sollten Sie jede Überbeanspruchung vermeiden. Das heißt, er sollte in den ersten Monaten nicht mehr laufen müssen, als er es selbst möchte. Ist er erst einmal ein halbes Jahr alt, können die Spaziergänge länger werden. Und ab seinem ersten Geburtstag brauchen Sie sich über die Länge der Spaziergänge keine Gedanken mehr zu machen.

Welpenspielgruppen

Ganz wichtig für die Entwicklung Ihres Welpen sind soziale Kontakte. Nur wenn er möglichst vielen anderen Hunden begegnet, lernt er, wie man sich als Hund unter Hunden zu benehmen hat. Wenn Sie ihn – wie z. B. beim Deutschen Mopsclub vorgeschrieben – mit zehn Wochen übernommen haben, hatte er im Umgang mit seinen Geschwistern und den übrigen im Haus des Züchters lebenden Hunden dazu schon reichlich Gelegenheit. Ist Ihr Welpe jünger, sollten Sie sich rasch nach sogenannten Welpenspielgruppen umsehen. Ein Blick ins Internet hilft oft schon weiter. Werden Sie hier nicht fündig, wenden Sie sich an Ihren örtlichen Tierschutzverein. Vielleicht hat er selbst Spielgruppen im Angebot, auf jeden Fall weiß man dort, wo es welche gibt.

Gut geführte Welpenspielgruppen eignen sich hervorragend, um Hundekontakte zu knüpfen und spielerisch erste Dinge zu lernen.

In einer Welpenspielgruppe werden Ihnen auch Mopsmischlinge wie der auf der gegenüberliegenden Seite begegnen. Hier ist Vorsicht geboten. Nicht alles, was einem Mops ähnlich sieht, hat auch seinen verträglichen Charakter.

Hundebegegnungen auf Spaziergängen

Auf dem Spaziergang sollten Sie übrigens keine allzu große Angst vor der Begegnung mit erwachsenen Hunden haben. Es ist schön und wünschenswert, wenn Sie und Ihr Hund Spielfreundschaften anknüpfen können. Weil aber nicht alle erwachsenen Hunde im Verhalten gegenüber Welpen instinktsicher sind, sollten Sie, bevor der Kontakt sehr nah wird, den fremden Hundebesitzer fragen, ob sein Hund freundlich ist oder ob er sich Welpen gegenüber aggressiv verhält. Denn es wäre das Letzte, was passieren soll, dass Ihr Kleiner von dem Großen verletzt wird. Die meisten Hunde sind Welpen gegenüber freundlich gesinnt, doch es gibt auch immer welche, die nicht gut sozialisiert wurden oder genervt auf fremde Hundekinder reagieren. Meist ist das Schlimmste, was ihm widerfahren kann, dass der Große ihn heftig anknurrt, weil er sich belästigt fühlt. Doch nochmals: Fragen Sie sicherheitshalber den Besitzer des Großen.

Ein Mops verträgt sich mit allen Hausbewohnern, Zwei- und Vierbeinern.

Ein Trumm von Hund

Unsere ersten beiden Möpse waren etwa vier Monate alt, als wir auf dem Spaziergang einem nachtschwarzen Neufundländerrüden begegneten. Ich muss gestehen, mir blieb schon etwas die Luft weg, als sich dieses Ungeheuer auf meine frei laufenden Möpschen stürzte. Da der Riese jedoch zu einer Mutter mit zwei kleinen Kindern gehörte, habe ich nicht eingegriffen und was geschah? Nichts! Es war eine fröhliche Hundebegegnung. Der Schwarze ging außerordentlich vorsichtig mit den Welpen um, während die ihrerseits keine Hemmungen kannten und ihm ordentlich das Fell zausten. Meine Kleinen waren allerdings hinterher pitschnass, weil der Große sie mit seiner riesigen Zunge geradezu an den Boden nagelte. Was den beiden übrigens wahnsinnig viel Spaß machte.

Versicherungen

Und noch ein Letztes: Schließen Sie eine Hundehaftpflichtversicherung ab. Zwar wird Ihr Mops kaum jemand beißen, aber einen Fahrradfahrer zu Fall bringen oder einen Autofahrer zu folgenreichen Ausweich- oder Bremsmanövern zwingen, das kann er sehr wohl und über einen kleinen Welpen gestolpert ist man auch sehr schnell. Also beugen Sie im Interesse Ihres Geldbeutels vor.

Infrage käme eventuell auch eine Krankenversicherung für Ihren Hund. Am besten erfragen Sie die Konditionen bei einer einschlägigen Versicherungsgesellschaft und rechnen dann durch, ob eine solche Versicherung für Sie sinnvoll ist oder nicht.

Für beide Versicherungen gilt: Holen Sie mehrere Angebote ein und vergleichen Sie. Die Konditionen können sehr unterschiedlich sein.

Ein junger Mops braucht viel Bewegung, um fit und gesund zu bleiben.

Vom Welpen zum Hund

Die ersten vier Lebenswochen

Entwicklung der Welpen

Die ersten Wochen im Leben eines Hundes sind sehr aufregend. Zu Beginn geben die Kleinen nur leise Fiep- und Murrgeräusche von sich. Doch schon nach ca. 14 Tagen öffnen sich die Augen und die Welpen reagieren auf Geräusche.

Aufgaben des Züchters

In dieser Zeit ist vor allem die Versorgung der Mutterhündin sehr wichtig. Der Züchter muss darauf achten, dass sie genug Milch hat, dass es zu keinen Gesäugeentzündungen kommt und dass die Wurfkiste immer sauber und trocken ist. Die Welpen werden regelmäßig gewogen und dabei in die Hand genommen und gestreichelt. Somit gewöhnen Sie sich an den Menschen.

Von der 5. bis zur 8. Woche

Entwicklung der Welpen

Die Welpen werden immer munterer und entdecken ihre Umgebung. Über Spiel mit den Geschwistern und der Mutter wird gelernt. Dabei werden Elemente aus dem Aggressions- und Angstverhalten gezeigt.

Aufgaben des Züchters

Der Züchter sollte den Welpen zunehmend Erfahrung mit der belebten und unbelebten Umwelt bieten. Unterschiedliche Menschen, Fahrten ins Grüne, Kontakt mit anderen Tieren usw. bereiten den Welpen auf das Abenteuer „Leben" vor.

Von der 9. bis zur 24. Woche

Entwicklung des Welpen

Der Welpe nimmt Abschied von seiner Hundefamilie und lernt seine neuen Menschen kennen. Nun kommt die Zeit für ihn, in der er alles lernt, was er für sein späteres Leben in dieser Familie braucht. Er ist aufgeschlossen allem Neuen gegenüber und sehr lernbereit.

Aufgaben des Besitzers

Das Wichtigste in dieser Zeit ist der Aufbau von Vertrauen. Gemeinsam erkundet man die Welt, entdeckt Neues und unterstützt den Welpen in schwierigen Situationen. Zudem bringt man dem kleinen Kerl gutes Benehmen und das kleine Einmaleins der Erziehung bei.

Pubertät mit ca. 9 Monaten

Kleine Rowdys

Klein und süß ist der Welpe nun nicht mehr, sondern ein schlaksiger Halbstarker, der gern mal seine Grenzen austestet. Der Hormonhaushalt verändert sich und die Geschlechtsreife setzt ein.

Aufgaben des Besitzers

Kein Grund zur Panik. Ihr Mops hat nicht alles vergessen, was er bisher gelernt hat. Auch wenn es häufig danach aussieht. Haben Sie viel Geduld und bleiben Sie konsequent. Bestehen Sie auf der Ausführung Ihrer Signale, auch wenn es jetzt etwas länger dauert. Sie werden sehen, diese Phase geht vorüber.

Erwachsenenstatus ab 3 Jahre

Echte Persönlichkeiten

Der Mops hat viele Erfahrungen gemacht, auf denen er nun sein Leben aufbaut. Er ist ein Individuum mit Ecken und Kanten, die nur noch schwer geschliffen werden können.

Gemeinsam durchs Leben

Haben Sie Ihrem Mops in der Welpen- und Junghundzeit viel gezeigt und beigebracht, können Sie nun die Lorbeeren dafür ernten. Sie haben einen Partner, der Ihnen vertraut und mit Ihnen gemeinsam sicher durchs Leben geht.

Senior ab ca. 10 Jahren

Graue Schnauzen

Kommt der Mops in die Jahre, lässt die körperliche Leistungsfähigkeit nach. Er wird sich schwerfälliger erheben, viel schlafen und meist lässt auch sein Gehör immer mehr nach. Es kann sein, Sie kommen vom Einkaufen zurück und Ihr Mops liegt in seinem Korb und schläft seelenruhig weiter. Bemerkt er Sie dann, ist es ihm fast peinlich. Das wäre ihm früher nie passiert.

Rücksichtnahme und Verständnis

Die Wege werden kürzer, Ihr Mops wird Ihnen noch mehr folgen, da er nicht gern allein ist. Auch ruht häufig ein ruhiger dunkler Blick auf Ihnen. Er verfolgt Sie nun mehr mit seinen Augen, da sein Gehör nachlässt. Auch wird er vielleicht nicht mehr auf Ihr Signal SITZ reagieren, da ihn seine Knochen schmerzen. Gehen Sie darauf ein und verlangen Sie nicht zu viel von ihm. Er hat Ihnen sein ganzes Leben gegeben und nun etwas Ruhe verdient.

Gesunde Ernährung

Ihr Mops ist ein kleiner Schwerathlet und wie alle Schwerathleten neigt er dazu, mehr zu essen als ihm guttut. Es ist Ihre Aufgabe, dafür zu sorgen, dass er genauso viel Futter bekommt, wie er braucht. Und denken Sie daran, auch Leckerlis haben Kalorien.

Wie oft wird gefüttert?

In den ersten Wochen halten Sie sich am besten an die vom Züchter mitgegebene Fütterungsanleitung, dann können Sie allmählich auf das von Ihnen bevorzugte Futter umstellen.

Bis zum 6. Monat sollte der Welpe noch dreimal täglich gefüttert werden, von da ab zweimal. Bei diesen zwei Mahlzeiten sollte es dann auch bis zum Lebensende bleiben – die Verdauungsorgane werden so weniger belastet als bei nur einer Mahlzeit am Tag. Selbst die Leute, die ihre Hunde nur einmal am Tag richtig füttern, geben ihnen ein paar Stunden vorher oder nachher z. B. noch einen Hundekuchen, da erscheint es vernünftiger, die gesamte Futtermenge des Tages auf zwei volle Mahlzeiten zu verteilen.

Ein mit frischem Wasser gefüllter Napf sollte immer bereit stehen.

Feste Zeiten

Sie sollten Ihren Hund von Anfang an an feste Mahlzeiten gewöhnen. Das ist nicht besonders schwierig: Wenn der Futternapf nach spätestens 15 Minuten nicht leer gefressen ist, nehmen Sie ihn einfach weg und stellen ihn erst zur nächsten Mahlzeit wieder hin. Es wird übrigens von Möpsen erzählt, die ihren Leuten den leeren Napf hinterhertragen, wenn sie zur gewohnten Zeit kein Futter bekommen.

Wichtig ist die Rutschfestigkeit des Futternapfes. Das ist hier durch einen Gummiring an der Unterseite gewährleistet.

Was wird gefüttert?

Man sollte sich zunächst einmal klar machen, dass man bis vor ca. 40 Jahren noch sehr viel weniger Auswahlmöglichkeiten hatte als heute. Seit zehntausend Jahren leben Mensch und Hund zusammen und die Hunde bekamen häufig die Abfälle vom Tisch – und sie überlebten dabei. Vielleicht kam die Mensch-Hund-Beziehung überhaupt erst dadurch zustande, dass die wilden Wölfe sich teilweise von den Abfällen der Menschen ernährten und die Mutigsten von ihnen bei den Menschen einzogen. Im Prinzip blieb es dabei, erst vor 40 Jahren kam das erste Fertigfutter auf den Markt. Daraus hat sich ein kompletter Industriezweig entwickelt. Heute gibt es das käufliche Futter in feuchter Form in Dosen und als Trockenfutter. Es ist Ihrem Geschmack und dem Ihres Hundes überlassen, womit Sie ihn füttern. Sie können praktisch nichts falsch machen, denn es gibt Futtermittel für jedes Alter, jede Hundegröße und jeden Grad der Beanspruchung, ob nicht sonderlich beanspruchter Familienhund oder extrem hoch geforderter Sport- oder Diensthund und alles, was dazwischenliegt. Man kann mit diesen Fertigfuttersorten nicht viel verkehrt machen, selbst ungefähre Mengenangaben stehen auf der Verpackung.

Info | Schweinefleisch

Rohes Schweinefleisch darf niemals an Fleischfresser, also auch nicht an Hunde, verfüttert werden, weil es mit dem zu den Herpesviren gehörenden Aujetzky-Virus infiziert sein kann. Eine Infektion des Hundes mit diesem Virus führt unbehandelbar zum Tode. Aber auch wenn Sie anderes Fleisch kaufen, bedenken Sie, dass in einer normalen Metzgerei Rind- und Schweinefleisch mit demselben Messer auf demselben Brett geschnitten und durch denselben Wolf gedreht wird und auch geringe Spuren von Schweinefleisch für Ihren Hund tödlich sein können.

Roh oder gekocht

Wenn man aber seinen Liebling verwöhnen oder auch nur etwas Gutes für ihn tun will, indem man seine Mahlzeiten selbst zubereitet, wird es wieder etwas schwieriger – es gibt so unglaublich viele Theorien über die richtige Art, das Futter selbst herzustellen. Allein zu der Frage, ob Fleisch roh oder gekocht verfüttert werden sollte, werden regelrechte Glaubenskämpfe ausgetragen. Mit geradezu missionarischem Eifer versucht einer den anderen von seiner Meinung zu überzeugen.

Tipp | Frisches Wasser

Ein mit frischem Wasser gefüllter Wassernapf muss übrigens immer bereitstehen, damit sich der Vierbeiner nach Lust und Laune bedienen kann. Besonders im Sommer ist der Durst groß.

BARF

Da gibt es zum Beispiel die Vertreter des Barfens, Biologisch Artgerechtes Rohes Futter für Hunde. Ganz so natürlich wie bei Familie Wolf geht es jedoch auch hier nicht zu, da muss hier ein Löffelchen Öl zugesetzt werden, da ein paar Vitamine und dort ein bisschen Kalk usw. und nicht jedes Gemüse kann roh verfüttert werden. Keine Frage: Es gibt hier keine Haltbarkeitsmacher, keine künstlichen Lockstoffe und keine Farbstoffe, was sicher günstig ist, weil all diese künstlichen Zusätze Allergien auslösen können.

Besondere Leckereien wie eine saftige Beinscheibe werden vorsichtshalber in Sicherheit gebracht und in Ruhe ausführlich abgenagt.

Nicht zum rohen Verzehr geeignet
Aber auch Barfer können nicht alles roh verfüttern, Schweinefleisch z. B. kann mit dem Aujetzky-Virus infiziert sein, dieser Virus ist auf den Hund übertragbar und führt unbehandelbar fast immer zum Tod; rohe Leber führt sehr stark ab, das Verdauungsprodukt verlässt den Körper wie Wasser einen Hydranten unter hohem Druck; in rohem Seefisch können sich Bandwurmfinnen befinden, die man lieber nicht in seinem Hund sehen möchte, weil sie die Zwischenstufe zum ausgewachsenen Bandwurm sind. Der Barfer verzichtet also entweder auf solches Futter oder er muss es kochen.

Ab und zu ein Stückchen Fleisch
Auf der anderen Seite sollte überzeugten Befürwortern von Fertigfutter einleuchten, dass ab und zu rohes Fleisch gar nicht so schlecht für die Verdauungsorgane ist. Erstens, weil diese Organe schon von Wolfszeiten her dafür gebaut sind, und zweitens: Wie will man im Krankheitsfall noch auf Schonkost umsteigen, wenn man schon immer nur fertig zubereitetes, leicht verdauliches Futter füttert?

Heiß geliebter Pansen
Ein Festessen für fast alle Hunde ist grüner Pansen und Blättermagen. Pansen und Blättermagen sind Teile des Verdauungstraktes von Wiederkäuern, z. B. Rindern oder Schafen. Sie werden entweder in gereinigtem Zustand angeboten oder ungereinigt, also mit bereits teilweise verdautem Inhalt, daher die Bezeichnung „grün“. Danach gefragt würden unsere Möpse jedenfalls versichern, dass sie von grünem Pansen leben könnten. Dass ein solches Futter für menschliche Nasen fast unerträglich ist, steht allerdings auf einem anderen Blatt. Gesund ist es allemal. Wölfe, und das gilt auch für ihre domestizierten Nachkommen, sind keine reinen Fleischfresser, sie verzehren immer das ganze Beutetier also auch den Magen- und Darminhalt. Dieser enthält nämlich die auch vom Hund benötigten wertvollen pflanzlichen Nährstoffe in einer Form, die der Hund verarbeiten kann. Eine Fütterung nur mit Fleisch – roh oder gekocht – würde den Hund jedenfalls krankmachen.

Man glaubt es zwar nicht, aber es soll tatsächlich Hundebesitzer geben, die auch grünen Pansen kochen.

„An apple each day keeps the doctor away!“

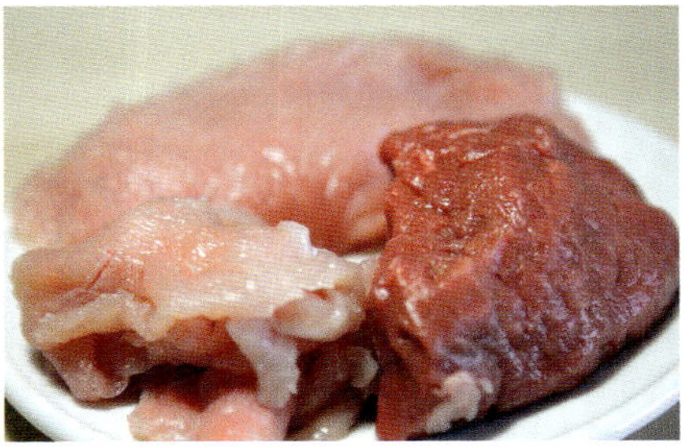

Zur ausgewogenen Ernährung gehören neben Eiweiß auch Fette und Kohlehydrate.

Ich kann mir das nur so vorstellen, dass diese Leute in der Lage sind, die Atmung einzustellen, wenn sie ihre Küche betreten.

Abwechslung in der Futterschüssel

Wichtig ist in jedem Fall, dass Sie einseitige Fütterung vermeiden, ob Sie nun bevorzugt Fertigfutter geben oder das Futter selbst zubereiten.

Zum Selbstkochen sind Seefisch, Geflügelfleisch, Geflügelherzen und Geflügelmägen, Pferdefleisch, Lammfleisch, Rindfleisch sehr geeignet, alles immer mit Reis oder auch Futterflocken und/oder Gemüse gemischt. Bei unseren Möpsen ist Rührei mit Thunfisch eine heiß begehrte Abwechslung. Auch Milchprodukte wie Joghurt, Hüttenkäse, Grießbrei oder Quark werden immer gern genommen. Bei Quark bitte den 40 %-igen, der andere ist unseren Hunden zu sauer. Und wenn es bei Milchprodukten zu Durchfall kommen sollte, liegt das ohnehin nicht am Fettgehalt des Nahrungsmittels, sondern am darin enthaltenen Milchzucker. Der ist jedoch schon in den zuvor aufgeführten Milchprodukten aufgeschlossen.

Nebenwirkungen

Ein zu hoher Anteil an Milchzucker oder eine sonstige Futterunverträglichkeit kann manchmal auch zu Blähungen führen, die meist weniger den Hund als den Menschen stören.

Gesunde Ernährung macht den gesunden Hund.

Die Situation ist bekannt. Man sitzt zu mehreren gemütlich zusammen, die Möpschen haben es sich in der Nähe der Menschen bequem gemacht. Plötzlich werden einzelne Menschen unruhig, werfen misstrauische Blicke in die Runde, immer mehr Nasen rümpfen sich ungläubig und werden unauffällig etwas angehoben, schnuppern in alle möglichen Richtungen. Die Geruchssinne täuschen sich nicht, irgendeiner in der Runde hat deutlich riechbar gepupst. Nicht hörbar, denn erfahrungsgemäß sind die Unhörbaren gehaltvoller an Duftstoffen. Da hilft ein altes Hausmittel. Ein Streichholz oder Feuerzeug anzünden. Ein echter Zaubertrick, da es sich um Biogas handelt, werden Gas und Duftstoffe sozusagen in Windeseile und gefahrlos abgefackelt, die Luft wird wieder riechbar rein. Zu einer Explosion kann es nicht kommen, da die Gasmenge selbst bei einem größeren Hunderudel nicht dazu ausreicht.

Futtermengen

Zu den Futtermengen, die Ihr Mops benötigt, lassen sich nur Schätzwerte angeben. Nicht alle Hunde haben den gleichen Futterbedarf, da spielen tägliche Bewegung und vor allem Grundumsatz eine erhebliche Rolle. Das heißt, Sie müssen sich an die erforderliche Futtermenge „herantasten". Das gilt sowohl für Fertigfutter als auch für selbst hergestelltes Futter. Dazu müssen Sie Ihren Hund beobachten. Möpse sind muskulöse Hunde, das bedeutet, dass sie – wenn man nicht aufpasst – schnell dazu neigen, zu viel Fett anzusetzen. Das ist nicht anders als beim Menschen auch. Als Faustregel gilt: Die Rippen des Hundes dürfen nicht zu sehen sein, man muss sie beim Streicheln jedoch fühlen können.

Während der Wachstumsphase

Während des Wachstums können Sie Ihren Mops kaum überfüttern, weil ein hoher Energiebedarf vorliegt. Dazu muss man wissen, dass das Höhenwachstum beim Mops mit ca. 10 Monaten abgeschlossen ist. Danach wird nur noch die Brust tiefer und breiter und der Kopf dicker, diese Phase dauert beim Rüden bis zu etwa 3,5 Jahren. Der Rassestandard sieht beim erwachsenen Mops ein Gewicht von bis zu 8 Kilo vor. Das ist jedoch kein absolutes Muss, der Mops soll „multum in parvo" sein, zu Deutsch: „viel auf kleinem Raum". Dabei soll er immer harmonisch wirken, das bedeutet, dass ein Mopsrüde auch mit elf Kilo nicht zu dick, bzw. zu schwer sein muss, vorausgesetzt das Gewicht kommt von Muskeln und nicht vom Fett.

Leckerlis

Gegen Leckerlis ist überhaupt nichts einzuwenden, wenn sie bei den Hauptmahlzeiten berücksichtigt werden. Das Anbot in den Regalen der Supermärkte und der Futtermittelläden ist groß und abwechslungsreich, da gibt es alles über Milch- und Schokodrops, Kaustreifen, Kaustangen, getrocknetes Fleisch bis hin zu Hundekuchen und vielem mehr.

Vorsicht vor Büffelhautknochen

Von den überall angebotenen Büffelhautknochen sollten Sie allerdings Abstand nehmen. Ein solcher Büffelhautknochen besteht in der Regel aus einem längeren Hautstreifen, der in die Form eines Knochens gebracht wurde. Die Hunde kauen auf diesem „Knochen" herum, wodurch er weich wird und seine Form verliert. Da ein Mopsgebiss nicht in der Lage ist, von der recht dicken Büffelhaut einzelne Stücke abzubeißen, versucht der Mops den ganzen Hautstreifen hinunterzuwürgen. Es wird ihm nicht gelingen. Wenn Sie einmal einem würgenden Hund einen mehr als dreißig Zentimeter langen Hautstreifen aus dem Maul ziehen mussten, möchten Sie so etwas sicher kein zweites Mal tun müssen. Es sind sogar schon Möpse bei dem Bemühen, den Streifen loszuwerden, bevor der Besitzer auf die Notlage aufmerksam wurde, jämmerlich erstickt. Anders ist es bei Büffelhautknochen, die aus zerkleinerten Hautstreifen zusammengesetzt sind – die sind natürlich erlaubt und werden auch gern genommen.

Übergewicht

Hat man es mit dem Futter und den Leckerlis beim erwachsenen Hund zu gut gemeint und muss daher sein Gewicht heruntergeschraubt werden, ist man nicht unbedingt auf die berühmte FdH-Methode angewiesen. Es gibt außer professionell hergestellter kalorienreduzierter Fertignahrung auch wieder eine sehr schöne Do-it-yourself-Methode. Es geht ganz simpel, indem man den Fleischanteil im Futter zum großen Teil durch Sauerkraut ersetzt. Ein Rezept dazu finden Sie auf der Extraseite „Aus der Mopsküche."

Lunge füttern

Eine weitere Möglichkeit zum bequemen Abspecken gibt es leider nur in Bayern und Baden-Württemberg. Nur dort gibt es Lunge in jeder Metzgerei zu kaufen, weil sie dort auch auf dem menschlichen Speiseplan vorkommt, z.B. als Lungenhaschee oder Saure Lunge.

Auf dem Speiseplan des übergewichtigen Hundes ersetzt die Lunge jede ansonsten eingesetzte Fleischsorte. Der Vorteil liegt in dem niedrigen Nährwert der Lunge, sie enthält sehr viele Ballaststoffe, was auch an der Größe des Endproduktes zu erkennen ist: Die Häufchen werden deutlich größer. In den übrigen Bundesländern lohnt sich eine Nachfrage beim Futterhändler, ob er Lunge zu einem erschwinglichen Preis besorgen kann.

Auch in der Diätphase sind Leckerlis möglich, und zwar in der Form von getrockneter Lunge, die in fast allen Spezialfutterläden erhältlich ist. Lunge ist bei Hunden in jeder Form sehr beliebt, roh sollte sie jedoch nicht gefüttert werden, da sie wie rohe Leber sehr stark abführt.

Besonders ältere Möpse neigen zu Übergewicht. Für eine schonende Diät gibt es brauchbare Vorschläge.

Aus der Mopsküche

Mops-Muffins für Menschen

Dieser Muffin ist zwar nicht für Möpse gedacht, doch Mopsliebhabern würde er sicher Freude bereiten.

Leberspätzle

Zutaten
1 Ei
100 g Mehl
(Weizenmehl, Roggenmehl oder Dinkelmehl)
100 g Leber püriert
Wasser nach Bedarf

Zubereitung

An Feiertagen gibt es Leberspätzle aus eigener Herstellung bei uns:

Aus den Zutaten einen nicht zu flüssigen Teig herstellen, 2,5 Liter Wasser mit 2 Teelöffeln Salz zum Kochen bringen und den Teig portionsweise in das kochende Wasser schaben. Wenn die Spätzle nach oben kommen, sind sie fertig.
Der Verzehr dauert maximal 15 Sekunden, die Herstellung je nach Zahl der Hunde deutlich länger.
Eine Freundin betrügt ihre Hunde am zweiten Tag, indem sie im Kochwasser der Leberspätzle Nudeln aufkocht und nach Herstellerangaben kochen lässt. Diese Nudeln werden von den Hunden genauso begeistert angenommen wie die Leberspätzle vom ersten Tag.

Utes weiche Häppchen

Zutaten
250 g Dinkelmehl
100 g Haferflocken
2 EL Honig oder Apfelkraut
1 TL gekörnte Hühner-, Fleisch- oder Gemüsebrühe
2 kleine Eier oder ein großes Ei
100 ml Milch
1/2 sehr klein geschnittene Scheibe Leberkäse (Fleischkäse)

Zubereitung

Zutaten zu einem Teig mischen, die Masse zu kleinen Bällchen oder Würstchen formen, die Kekse auf ein gefettetes Backblech legen, ich benutze Backpapier, und bei 220 Grad (Ober/Unterhitze) ca. 10-15 Minuten ausbacken und im Backofen auskühlen lassen. Kekse nicht zu dunkel werden lassen.

Margaretes goldene Käsebatzen

Zutaten
750 g Weizenvollkornmehl
2 TL Knoblauchpulver
125 ml Pflanzenöl
250 g Reibekäse
1 Ei
250 ml Milch

Zubereitung

Mehl und Knoblauchpulver in einer Schüssel mischen. Eine Mulde in das Mehl drücken. Nach und nach Öl, Käse, Ei und Milch unterrühren, bis eine gleichmäßige Masse entsteht. Den Teig ca. 3-4 Minuten auf einer bemehlten Arbeitsfläche durchkneten. Teig auf 1,5 cm Stärke ausrollen.Formen ausstechen und auf ein gefettetes Backblech legen.
Bei 200 Grad ca. 25 Min. backen.
Das Gebäck auskühlen lassen und in einer nicht dicht schließenden Dose aufbewahren.

Ein Diätessen, das schmeckt

Zutaten
500 g Rinderhackfleisch
1500 g Sauerkraut (Dose)
1 gehäufter Teelöffel gekörnte Brühe
2 Liter Wasser
1000 g Langkornreis

Zubereitung

Das Hackfleisch mit dem Schneebesen in das kochende Wasser einrühren, gekörnte Brühe einstreuen, nochmals aufkochen lassen, das Sauerkraut unterrühren, erneut aufkochen lassen, Reis einstreuen und quellen lassen. Nach dem Abkühlen portionsweise einfrieren.

Gepflegt von Kopf bis Pfote

Der Mops ist im Prinzip ein pflegeleichter Hund. Es kommt darauf an, wie sehr Sie sich durch ein paar herumfliegende Hundehaare gestört fühlen. Denn ganz ohne frei fliegende Mopshaare werden Sie mit einem Mops als Lebensgefährten nie mehr sein. Gewöhnen Sie sich besser beizeiten daran.

Fellpflege

Möpse sind recht pflegeleichte Hunde. Das fängt schon bei der Fellpflege an. Das kurze, weiche Mopsfell wird weder getrimmt noch geschoren. Ein Mops muss auch nicht täglich gebürstet oder gekämmt werden, noch nicht einmal während des Fellwechsels. Mehr oder weniger regelmäßiges Baden – womöglich noch unter Verwendung von Seife oder parfümierten Shampoos – schadet mehr als es nützt. Seife zerstört nämlich den natürlichen Fettschutz von Haut und Haaren. Dieser Schutz sorgt dafür, dass normaler Schmutz wieder von ganz allein aus dem Fell verschwindet. Sollte dies nicht der Fall sein, weil Ihr Hund unbedingt in einem grünen algenverseuchten Tümpel im Wald planschen musste oder in der Stadt mit Motoröl in Verbindung gekommen ist, müssen Sie natürlich etwas dagegen tun. Wenn klares Wasser nicht mehr hilft, verwenden Sie bitte ein möglichst mildes, nicht parfümiertes Hundeshampoo.

Ein nasses Fell hat noch keinem Hund geschadet.

Schwarze Möpse haaren in der Regel etwas weniger als helle.

Haarige Angelegenheit

Aber – ich habe Sie ja schon vorher darauf hingewiesen – Möpse haaren abenteuerlich – und dies das ganze Jahr. Auch außerhalb der typischen Fellwechselzeiten im Frühjahr und im Herbst geben sie ständig kurze stabile Härchen ab, die sich wie mit Widerhaken in die Textilien bohren. Den Hund stört das zwar nicht – jedoch Sie vielleicht. Als Besitzer nur eines oder zweier Möpse können Sie das Problem recht gut dadurch lösen, dass Sie die lose Unterwolle Ihres Hundes regelmäßig mit einem engzinkigen Kamm entfernen. Die Unterwolle ist nämlich das Hauptproblem. Das ist im Übrigen auch der Grund dafür, dass die schwarzen Möpse nicht ganz so viele lockere Haare von sich geben wie die hellen. Die Schwarzen haben nämlich in der Regel deutlich weniger Unterwolle. Und wenn Sie den Mops nach dem Kämmen mit einem feuchten Leder oder Waschlappen abreiben, haben Sie die meisten Haare erwischt. Trotzdem mein Tipp: Nehmen Sie es mit Humor und steigen Sie – wie andere Mopsbesitzer auch – auf mopskompatible Kleidung um, entweder in beige oder in schwarz.

Vitamine für seidig weiches Fell

Die schlimmste Zeit, die Zeit des Fellwechsels, können Sie im Übrigen auf maximal zwei Wochen reduzieren. Es gibt im Handel hervorragende Vitaminpräparate, die, dem Futter beigegeben, das Mopsfell in reinsten Seidenplüsch verwandeln. Es ist der reinste Genuss, darin zu kraulen.

Falten

Ein gesunder Mops hat keine Probleme mit seinen Gesichtsfalten, auch nicht mit der Nasenfalte. Wenn sich an diesen Stellen eine Entzündung entwickelt, liegt, wie das Wort „Entzündung“ schon sagt, eine Krankheit vor, vielleicht haben sich Bakterien breitgemacht oder Hefepilze. Dagegen kann der Tierarzt helfen. Schon im Hinblick auf die eventuell erforderliche Behandlung in der Tierarztpraxis sollte man, wenn der Mops z. B. entspannt neben seinem Menschen auf dem Sofa liegt, diese Stellen untersuchen, etwa, indem

Tipp | Tuchfühlung

Das ist übrigens ein Geheimtipp: Fassen Sie Ihren Mops ganz oft und ganz viel an. Diese positiven Berührungen genießt er sichtlich und das lässt ihn ernsthafte Untersuchungen z. B. beim Tierarzt mit großer Selbstverständlichkeit ertragen. Manche Untersuchungen sind ihm nämlich an sich sehr unangenehm, wenn man sich den entsprechenden Körperstellen nähert, kann er sich mit mindestens 8 Pfoten dagegen wehren. Kaum zu glauben, wie viel Kraft der kleine Kerl entwickeln kann.

man die Nasenfalte etwas anhebt und mit einem sauberen Papiertaschentuch oder Kosmetikpapier (bitte unparfümiert!) durchwischt. Wenn sich tatsächlich etwas Schmutz angesammelt hat, kann eine milde Wundsalbe helfen. Man trägt sie sanft auf und entfernt nach ein paar Minuten den Rest der Salbe samt dem Schmutz mit einem Taschentuch.

Krustennase

Das ist eine wirklich harmlose Erscheinung, nur ist dem Mops das Hantieren daran äußerst unangenehm. Es sieht aus, als wäre der Nasenschwamm völlig trocken, rissig und verkrustet. Unerfahrene Mopsbesitzer denken sogar an eine Krankheit und stellen ihren Mops dem Tierarzt vor. Diese Kruste entsteht, wenn ausgeatmeter Nasenschleim oder Feuchtigkeit antrocknet. Ein bisschen wie Popel in der menschlichen Nase. Bitte kratzen Sie nicht mit Gewalt daran herum, tragen Sie lieber einen milden Balsam oder Melkfett oder sogar Margarine auf den Nasenschwamm auf. Wenn Ihr Mops daran leckt, schadet das überhaupt nicht, denn die fettige Substanz weicht die Kruste auf und der Mops leckt sie einfach weg. Sie können anschließend auch noch mit einem rauen Frotteetuch darüberreiben, jedenfalls wird die Nase wieder herrlich glatt und glänzend. Bei Bedarf wiederholen Sie die Behandlung einfach.

Ein gepflegter Hund ist meistens auch ein gesunder Hund.

Die Augen sollten vorsichtig ausgewischt werden.

Augen

Die Augen bedürfen zwar keiner besonderen Pflege, sondern eher der Beobachtung. Falls Ihr Mops ein Auge zukneift, muss er dringend zum Tierarzt. Einzelheiten finden Sie im Gesundheitskapitel. Leichte Verkrustungen in den Augenwinkeln sind harmlos, man könnte sie „Sandmännchen" nennen. Sie sind ganz leicht mit einem weichen Papiertuch zu entfernen. Es schadet nichts, wenn Sie auf diese Art und Weise mit ihm Augenbehandlung „üben".

Ohren

An den Ohren sollte man sehr zurückhaltend vorgehen, auf keinen Fall mit einem Q-Tipp ins Ohrinnere "bohren", weil man damit nur etwa vorhandenen Dreck nach innen in Richtung Trommelfell schiebt. Außerdem kann es auch leicht zu Verletzungen des Ohrinneren führen. Vernünftiger ist es, immer mal wieder ein bis zwei Reinigungstropfen vom Tierarzt ins Ohr zu träufeln und das Ohr anschließend leicht von außen zu massieren. Ihr Hund wird mehrfach

Dieses Mopsgesicht ist perfekt gepflegt, weder Augen noch Falten bedürfen irgendeiner Behandlung.

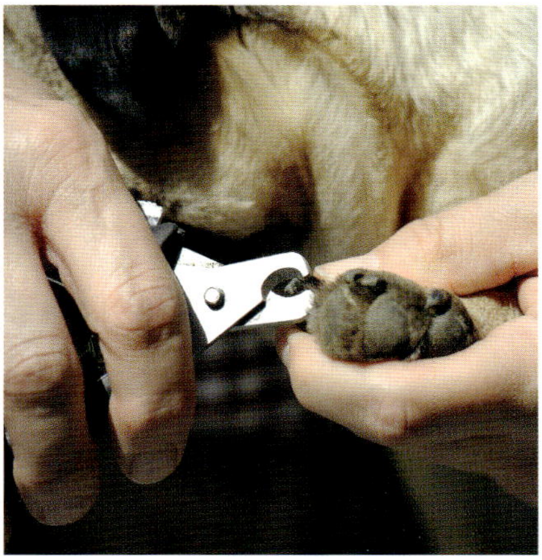

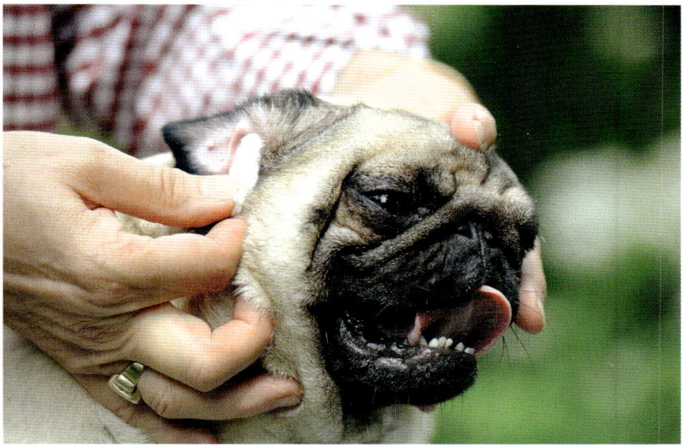

Zu lange Krallen müssen gekürzt, Ohren ab und zu kontrolliert und bei Bedarf mit einem Tuch gereinigt werden.

den Kopf schütteln und damit den Dreck nach außen befördern. Jetzt können Sie mit einem weichen Papiertuch die äußere Ohrmuschel auswischen. Falls das Ohr so nicht sauber zu bekommen ist, muss vom Tierarzt untersucht werden, ob sich eventuell Ohrmilben eingeschlichen haben. Auch dagegen gibt es gute Mittel.

Zähne

Freiwillig zeigt kein Mops sein Gebiss, da ist er heikel. Gar nicht schlecht, wenn Sie genau das mit ihm üben. Nicht schimpfen, wenn er nicht will, sondern heftig loben, wenn Sie es geschafft haben.

Zähne putzen

Ob Sie seine Zähne putzen sollten, nun ja, das ist nicht so abwegig, wie man denken könnte. Großvater Wolf tut es natürlich nicht, der hat aber auch ein Raubtiergebiss, bei dem er etwaigen Zahnbelag durch Knochen kauen entfernen kann. Es gibt im Zoofachhandel und beim Tierarzt Spezial-Zahnbürsten und Zahnpasta – wenn Sie es versuchen wollen: Bitte nur mit Liebe und ohne Schimpfen, Leckerchen können Wunder wirken. Wenn sich Zahnstein gebildet haben sollte, muss dieser vom Tierarzt unter Narkose entfernt werden.

Zähne zeigen

Frühzeitiges Üben des Zähnezeigens hat einen großen Vorteil, wenn Sie Ihren Mops einmal ausstellen wollen. Die Ausstellungsrichter wollen die Zähne nämlich sehen und begutachten. Der Kampf mit einem strampelnden Mops würde dessen Siegeschancen nicht gerade verbessern.

Krallen

Die Krallen bedürfen dann keiner Behandlung, wenn Ihr Mops Gelegenheit hat, auf hartem Boden zu laufen, dadurch wetzt er sie auf natürliche Art und Weise ab. Das gilt allerdings nicht für die Daumenkralle. Wenn sie unkontrolliert wächst, kann sie sich fast in einem Bogen wieder der Pfote annähern. Dann muss die Krallenspitze gekürzt werden. Dazu gibt es spezielle Krallenzangen im Zoofachhandel, beim ersten Mal lassen sie es sich vielleicht von Ihrem Tierarzt zeigen.

Läufigkeit

Es gibt auch Veränderungen, die auf den Laien bedrohlich wirken, jedoch keine Krankheitsanzeichen sind. So kann die Vulva der Hündin anschwellen und Blut absondern. Das ist die beginnende Hitze oder Läufigkeit. Die Geburtswege sind, um eine Befruchtung zu ermöglichen, extrem gut durchblutet, sodass sie sogar Blut durchlassen.

Eine Hündin wird normalerweise zweimal im Jahr läufig, wobei die Abstände zwischen den Hitzen auch bei der einzelnen Hündin und den einzelnen Hitzen durchaus zwischen fünf und zwölf Monaten variieren können. Auch hierfür gilt die alte Faustregel menschlicher Gynäkologen: Das einzig Regelmäßige an der Regel ist ihre Unregelmäßigkeit. Einer speziellen Pflege bedarf die Hündin während der Hitze nicht.

Läufigkeitshöschen

Falls Sie sich an den Blutstropfen stören sollten, die die Hündin nun verliert, können Sie im Zoofachhandel ein Höschen erwerben, in das Sie ein weiches Papiertuch einlegen. Die meisten Hündinnen gewöhnen sich schnell daran. Beim Kauf des Höschens sollten Sie Ihre Kleine mitnehmen, denn das menschliche Augenmaß funktioniert nur selten im Hinblick auf die passende Größe.

Verlauf der Läufigkeit

Die Läufigkeit dauert ca. 21 Tage – vom ersten Tag des Blutens an gerechnet. Das Verhalten der Hündin verändert sich jetzt zunehmend. Auf dem Spaziergang setzt sie vermehrt Urin ab und markiert an den verschiedensten Stellen. Die Botschaft, die sie gerade abgibt, lautet: „Hallo Jungs, bin bald zu haben."

Im Verlauf der weiteren Tage wird sie den Rüden gegenüber geradezu herausfordernd, ihren Gesichtsausdruck könnte man fast als „lasziv" bezeichnen. Jetzt wird es Zeit, aufzupassen. Ab sofort sollten Sie Ihre Hündin nicht mehr von der Leine lassen, wenn Sie nicht ungewollten Nachwuchs riskieren wollen. Denn jetzt beginnt die „Stehphase". Ihre Hündin stellt sich schräg vor den Rüden (dabei ist sie nicht wählerisch) und bietet ihm ihr Hinterteil an. Diese Phase geht in 3–5 Tagen vorüber. Lassen Sie sie jedoch lieber erst wieder ab dem 21. Tag frei laufen.

Mehrere im Rudel lebende Hündinnen werden oft gleichzeitig läufig.

Ein eigener Garten ist nicht unbedingt notwendig, aber bequem, wenn man mit einer läufigen Hündin keinem aufdringlichen Rüden begegnen will. Da ist es einfacher, wenn die Hündin ihr „Geschäft“ im eigenen Garten verrichten kann.

Rundum gesund

Möpse sind robuste kleine Hunde, die nicht in Watte gepackt werden müssen. Allerdings sollten Sie Ihren Mops genau beobachten. Verhaltensänderungen, z. B. Futterverweigerung oder vermehrtes Trinken geben oft Hinweise auf eine Erkrankung. Da er nicht wehleidig ist, zeigt er Schmerzen nämlich erst dann, wenn es unter Umständen schon zu spät ist.

Krankheiten erkennen

Entgegen den herrschenden Vorurteilen – Stichwort „Qualzucht" – ist der Mops ein recht robuster Hund, der sich normalerweise seines Lebens freut. Damit das auch so bleibt, sollten Sie Ihren Hund und sein Verhalten kennen, damit Sie kleine Veränderungen schnell bemerken. Ein kranker Hund benimmt sich anders als einer, dem es rundum gut geht. Hüten Sie sich vor übermäßiger Hysterie. Ständiges ängstliches Beobachten kann genau so schädlich sein wie allzu große Sorglosigkeit.

Den Beiden geht es offensichtlich gut.

Schmerzen

Sie sollten z. B. erkennen können, wann Ihr Mops Schmerzen hat. Der Mops ist kein wehleidiger Hund. Nur ganz selten stöhnt er vernehmbar. Häufiger hechelt er nur vermehrt. Von sehr heftigen Schmerzen können Sie ausgehen, wenn er sich in sein Körbchen zurückzieht und leise zittert. Wenn er sich intensiv die Vorderpfoten leckt oder gar darauf herumbeißt, dann ist diese Übersprunghandlung in der Regel ein deutlicher Hinweis darauf, dass er an einer Körperstelle, die für ihn nicht erreichbar ist, ziemliche Schmerzen hat. Das kann eine entzündete Analdrüse sein, ein böser Zahn oder auch hässliche Halsschmerzen.

Erste Warnungen

Auf vielleicht gewichtige Probleme kann auch hinweisen, wenn das an sich glatte und weiche Mopsfell struppig oder gar löchrig wird oder wenn Ihr Mops über Tage hinweg keine Lust mehr hat, spazieren zu gehen. Dass der normalerweise mit einem gesunden Appetit gesegnete Hund einmal eine Mahlzeit verschmäht, kann vorkommen, rührt er jedoch mehrere Male seinen frisch gefüllten Napf nicht an oder nimmt nur ein paar Bröckchen auf, dann sollten Sie genauer hinsehen. Ein ebenso ernst zu nehmendes Symptom ist vermehrtes Trinken oder vermehrter Harndrang.

Fieber

Eine erhöhte Körpertemperatur weist auch meist auf eine Erkrankung hin. Die Normaltemperatur liegt beim Hund bei 38,2–39 Grad Celsius. Ein Fieberthermometer gehört ohnehin in

Bleibt Ihr Hund im Körbchen, obwohl Sie zum Spazierengehen gerufen haben, könnte das ein erstes Krankheitsanzeichen sein. Sie sollten ihn weiter beobachten.

die Hundeapotheke. Die Temperatur wird im After gemessen – dem Hund macht das nichts aus, ganz bestimmt nicht, wenn vorn ein Mensch mit ihm schmust und hinten der zweite Mensch die Temperatur abliest.

Ab zum Tierarzt

Ganz allgemein gilt: Bei erkennbaren Schmerzen, anhaltenden Verhaltensänderungen und bei Fieber sollten Sie in jedem Fall Ihren Tierarzt kontaktieren und der kann dann umso rascher Ihrem Hund helfen, je genauer Sie ihm die Symptome schildern können.

Vorbeugen ist besser als Heilen

Sie können auch etwas tun, damit Ihr Mops gar nicht erst krank wird. Dazu gehören neben gesunder Ernährung und regelmäßiger Bewegung auch einige medizinische Vorsorgemaßnahmen. Ihr Hund sollte z.B. regelmäßig entwurmt und geimpft werden.

Entwurmen

Weil Würmer auch für den Menschen gefährlich werden können, ist regelmäßiges Entwurmen nicht nur für den Hund wichtig. Die Entwurmungsmittel decken immer nur den gegenwärtigen Befall ab, gegen künftigen Wurmbefall kann man den Hund nicht schützen. Er kann sich jederzeit neu infizieren und durch den engen Kontakt zu seinem Besitzer auch diesen gefährden.

Spul- und Bandwürmer

Am häufigsten kommen Spul- und Bandwürmer vor. Der Hund nimmt die Eier und Larven beim Schnuppern und Fressen auf. Bandwürmer brauchen einen Zwischenwirt für ihre Entwicklung und werden vor allem durch Flöhe oder Mäuse übertragen. Es muss nicht unbedingt zu äußerlichen Symptomen kommen.

Wurmkuren

Man kann selbstverständlich vom Tierarzt regelmäßig Kotproben untersuchen lassen, um den gegenwärtigen Wurmbefall zu überprüfen. Da die Hunde die Wurmkuren ohne Nebenwirkungen vertragen, kann man sich diese etwas unappetitliche Prozedur ersparen und einfach auch ohne Kotuntersuchung regelmäßig entwurmen. Sinnvoll ist eine Wurmkur alle drei Monate, bei Risikogruppen auch öfter.

Impfungen

Bei der Impfung werden Bruchstücke von Erregern oder abgetötete Keime der Krankheit, gegen die man sich schützen will, in den Körper eingebracht. Das Immunsystem erkennt diese als fremd und produziert Antikörper, die gegen die Erreger vorgehen und diese abtöten. Die Antikörper halten sich je nach Erregerart und Impfstoff nur für eine bestimmte Dauer oder lebenslang. Kommt es nun zu einer Infektion mit voll funktionsfähigen Erregern, treten die bereits vorhandenen Antikörper in Aktion und verhindern eine Erkrankung.

Welche Impfungen in welchen Abständen wiederholt werden müssen, um Ihren Hund dauerhaft zu schützen, besprechen Sie am besten mit Ihrem Tierarzt. Besondere Bedeutung kommt dabei der korrekten Grundimmunisierung zu, diese besteht aus wiederholten Impfungen im Alter von 8, 12 und 16 Wochen und der Wiederholung im Alter von 15 Monaten.

Diese verspielten Welpen dürften noch zu jung sein für den ersten Impftermin. Die Muttermilch gibt ihnen in den ersten Wochen Schutz.

Impfmüdigkeit?

Inzwischen halten viele Menschen Impfungen für überflüssig, weil sie glauben, dass die Krankheiten, gegen die die Hunde geschützt werden sollen, sozusagen „ausgestorben" sind. Dabei übersehen sie jedoch, dass diese Infektionskrankheiten nur deshalb deutlich seltener auftreten, weil bereits so viele Hunde dagegen geimpft sind.

Allerdings noch immer nicht genug. Es ist nämlich so, dass eine Population vor einer Epidemie nur dann geschützt ist, wenn mindestens 70 % aller Hunde wirksam geimpft sind. Statistischen Erhebungen gemäß ist das in Deutschland nicht der Fall, hier sind nur knapp 50 % aller Hunde geimpft. Wir beziehungsweise unsere Hunde sitzen also auf einem Pulverfass, bei dem die Lunte brennt.

Doch selbst dann, wenn die 70%-Quote in Deutschland erreicht wäre, könnten nicht geimpfte Einzeltiere immer noch erkranken, denn ausgestorben sind diese Krankheiten natürlich keineswegs. Wollen Sie also ihren Hund sicher vor der Gefahr einer Infektion bewahren, lassen Sie ihn impfen.

Impfschäden?

In 33 Jahren Mopsleben haben wir bei uns einmal eine allergische Reaktion erlebt (wahrscheinlich gegen die Basislösung), die vom Tierarzt problemlos mit einer Spritze in den Griff zu bekommen war. Diese Hündin hat auch alle späteren Impfungen problemlos vertragen.

Impfdurchbrüche?

Es kommt immer mal wieder vor, dass Hunde trotz kompletter Impfung erkranken. Möglicherweise war der Welpe zum Zeitpunkt der Impfung zu stark verwurmt, weshalb es wichtig ist, vor jeder Impfung sorgfältig zu entwurmen. Eventuell wurde auch zu früh geimpft, sodass die noch vorhandenen mütterlichen Antikörper, vom Welpen vor der Geburt über die Plazenta, nach der Geburt über die erste Muttermilch, die Kolostralmilch, aufgenommen, die Bildung eigener Antikörper verhindert haben. Deshalb ist eine Impfung vor der 8. Lebenswoche auch wenig sinnvoll. Sollte eine frühere Impfung ausnahmsweise doch einmal nötig werden, gibt es dafür spezielle Impfstoffe.

Infektionskrankheiten

Gegen einige der gefährlichsten Infektionskrankheiten gibt es glücklicherweise seit geraumer Zeit sehr wirksame Impfstoffe.

Staupe

Die Staupe ist immer noch eine der gefürchtetsten Infektionskrankheiten, hervorgerufen durch das dem menschlichen Masernvirus verwandte Staupevirus. Die Ansteckung kann durch Kontakt mit einem infizierten Hund erfolgen. Da jedoch auch Marder und Frettchen an der Staupe erkranken können, ist auch eine Ansteckung bei einem Waldspaziergang möglich, denn die Viren werden mit allen Körperflüssigkeiten ausgeschieden. Es gibt verschiedene Verlaufsformen, am meisten gefürchtet ist die sogenannte nervöse Form, bei der das Staupevirus das Gehirn schädigt. Es kommt zu Krampfanfällen ähnlich der Epilepsie. Die Erkrankung verläuft häufig tödlich.

Hepatitis (Hcc)

Hepatitis wird ebenfalls durch ein Virus hervorgerufen. Die Erkrankung kann schwere Leber- und Nierenschäden hinterlassen, Welpen können innerhalb von 2–5 Tagen sterben.

Parvovirose

Parvovirose ist auch als Katzenseuche bekannt. Hauptsymptom sind hier blutige Brechdurchfälle, die besonders bei sehr jungen Tieren oft tödlich verlaufen. Daneben ist auch eine Herzmuskelentzündung möglich, die eigentlich immer tödlich verläuft. Die Ansteckung erfolgt durch den Kontakt mit dem Kot von infizierten Tieren.

Viele Krankheitserreger können auch beim Spaziergang aufgeschnappt werden, sei es durch infizierten Kot oder durch verschmutztes Wasser. Gut, wenn der Hund geimpft ist.

Leptospirose (Stuttgarter Hundeseuche)

Diese Krankheit wird durch bestimmte Bakterien hervorgerufen und kann Tiere und Menschen betreffen. Hunde infizieren sich häufig durch verschmutztes Trinkwasser (Pfützen oder ähnliche stehende Gewässer.) Leptospirose tritt gar nicht selten auf, weil einerseits Wildtiere, insbesondere Ratten, als Erregerreservoir fungieren, die mit dem Urin den Erreger ausscheiden, der dann vom Hund aufgenommen wird, und weil andererseits die bislang in Europa verfügbaren Impfstoffe nicht gegen alle Typen von Leptospiren wirksam sind. Dennoch gilt die jährliche Impfung, in gefährdeten Gebieten die halbjährliche, als bester Schutz. Auch wenn der Hund die Krankheit überlebt, kann es zu dauerhaften Nierenschädigungen kommen. Es ist jedoch zu erwarten, dass die Industrie in absehbarer Zeit wirksamere Impfstoffe, wie sie in den USA bereits zugelassen sind, auch auf den europäischen Markt bringen wird.

Zwingerhusten

Der Zwingerhusten ist eine hochansteckende Infektionskrankheit, ausgelöst durch Viren und Bakterien, die Übertragung erfolgt durch Tröpfcheninfektion. Auch jeder einzeln gehaltene Hund kann sich anstecken, nicht nur Hunde aus Zwingerhaltung sind gefährdet. In schweren Fällen kann eine Lungenentzündung mit bleibender Schädigung der Lunge dazukommen.

Zwingerhusten ist sehr ansteckend. Bei Hundebegegnungen ist es sicherer, wenn alle geimpft sind.

Ein Impfserum gegen Zwingerhusten ist in der „Impfmischspritze" enthalten, zusätzlich empfiehlt sich eine Impfung, die über Tropfen in die Nasenschleimhäute gegeben wird, da hierdurch noch ein weiterer Erreger abgedeckt wird.

Tollwut

Die Tollwut ist eine stets tödlich verlaufende Infektionskrankheit, die in der Regel durch den Biss eines erkrankten Tieres übertragen wird. Fast immer äußert sie sich in einer dramatisch verlaufenden Gehirnentzündung. Die Impfung schützt jedoch nicht nur vor der Erkrankung selbst. Wegen der seuchenrechtlichen Bestimmungen, nach denen jeder nicht geimpfte Hund, der mit einem mit Tollwut infizierten Tier in Berührung gekommen ist, eingeschläfert werden muss, ein geimpfter aber nur eine gewisse Zeit in Quarantäne kommt, schützt die Impfung auch davor, von Amts wegen getötet zu werden. Das allein sollte als Motivation für diese Impfung ausreichen.

Impfpflicht

Eine gesetzliche Impfpflicht besteht nicht. Allerdings können Sie mit Ihrem Hund nicht ins Ausland, wenn er nicht gegen Tollwut geimpft ist. Ihr Hund kann ohne diese Impfung auch an keiner Hundeausstellung teilnehmen oder auch nur als Gast das Ausstellungsgelände betreten.

Der Deutsche Mopsclub sowie wohl die meisten anderen im VDH organisierten Rassehundeclubs auch schreibt in seiner Zuchtordnung vor, dass Welpen nur voll geimpft – und zwar gegen Staupe, Hepatitis, Leptospirose und Parvovirose – abgegeben werden dürfen. Tollwut ist in dieser Aufzählung nicht enthalten, weil einige Tierärzte eine Tollwutschutzimpfung frühestens in der 16. Lebenswoche für sinnvoll halten und dann sind die Kleinen in der Regel schon bei ihren neuen Besitzern.

Füchse sind von Natur aus scheu. Falls ein Fuchs nicht vor Ihrem Hund flieht, ist Vorsicht geboten. Er ist höchstwahrscheinlich krank. In einer von Füchsen dicht besiedelten Gegend sollten Sie regelmäßig und gründlich gegen Bandwürmer entwurmen.

Impfwirkung überprüfen?

Wenn man seinem Hund die an sich fällige jährliche Impfwiederholung ersparen will, kann man eine Impftiterbestimmung durchführen lassen. Ich halte solch eine Untersuchung nicht unbedingt für sinnvoll. Sie ist teurer als die eigentliche Impfung, warum dann nicht gleich den Impfschutz erneuern? Ich muss allerdings zugeben, dass eine solche Impftiterbestimmung eine Möglichkeit ist, einem Tier, das auf Impfungen allergisch oder sehr empfindlich reagiert, diese zu ersparen.

Weitere Krankheitsbilder

Neben den Krankheiten, gegen die Sie Ihren Mops durch eine Impfung schützen können, gibt es natürlich unzählige andere, die hier unmöglich alle aufgezählt werden können. Eine davon trägt sogar seinen Namen – auf Englisch: „Pug-dog-Enzephalitis", eine sehr ernst zu nehmende Hirnhautentzündung, die durchaus zum Tod führen kann. Aufgetreten ist sie erstmals in den 1990-er Jahren in den USA. Der erste Hund, bei dem sie diagnostiziert wurde, war ein Mops, deshalb der Name „Mopshirnhautentzündung". Übertragbarkeit oder Vererblichkeit ist noch völlig ungeklärt. Trotz des Namens ist diese Krankheit jedoch nicht mopstypisch, ich weiß zumindest in Deutschland von keinem einzigen daran erkrankten Mops.

Einer vom Pug Dog Club of America unterstützten neueren Studie zufolge handelt es sich um eine Erbkrankheit, sicher ist das jedoch noch nicht.

Rückwärtsniesen

Eine „Krankheit", die bei allen Hunden – Rassehunden und Mischlingen – auftreten kann, sieht höchst gefährlich aus, trägt einen nichtssagenden Namen und ist in aller Regel ungefährlich: das Rückwärtsniesen. Wenn man es das erste Mal erlebt, ist das sehr erschreckend und man erwartet das Schlimmste. Da steht der Hund plötzlich völlig verkrampft mitten im Zimmer, die Ellbogen abgespreizt, die Augen weit aufgerissen und scheint heftig keuchend nach Luft zu ringen. Dabei handelt es sich jedoch nur um einen eher harmlosen Krampf des Gaumensegels. Der Spuk geht fast immer vorbei, wenn man dem Hund entweder kurz die Nasenlöcher zuhält oder ihm leicht die Brust tätschelt. Häufig geht das Rückwärtsniesen mit einer leichten Erkältung oder einer leichten Mandelentzündung einher. Wenn sich diese Krämpfe jedoch häufen, sollte man seinen Hund einem Tierarzt vorstellen, der wenn nötig, den Hund behandelt.

Alten Hunden tut ein Sonnenbad gut.

Gebärmuttervereiterung

Einige Zeit nach der Läufigkeit kommt es vor allem bei älteren Hündinnen oder auch bei solchen, die mit Gestagenen zur Läufigkeitsunterdrückung behandelt wurden, gar nicht so selten zu einerGebärmutterentzündung(Pyometra, Hämometra etc.), einer sehr ernst zu nehmenden Erkrankung. Die Anzeichen sind meistens nicht zu übersehen: Die Hündin kann nicht mehr wie sonst auf das Sofa oder Bett springen (sie hat nämlich üble Bauchschmerzen), nach der Futteraufnahme wird der Bauch dicker, wie bei einer trächtigen Hündin, da die entzündete Gebärmutter mehr Platz im Bauchraum einnimmt als im gesunden Zustand. Die Hündin weckt außerdem wieder das Interesse der Rüden, wie bei einer Läufigkeit, und vor allen Dingen trinkt sie sehr viel mehr als sonst. Deutlichstes Anzeichen für eine Pyometra ist in der Regel ein eitriger, stinkender Ausfluss. Allerdings zeigen manche Hündinnen auch nur einzelne oder diskretere Symptome, die man besonders in der Phase nach der Läufigkeit ernst nehmen muss. Diese Hündin gehört dringend zum Tierarzt und muss wahrscheinlich operiert werden. Eine Totaloperation ist häufig die einzig mögliche Therapie.

Narkose

In diesem Zusammenhang ein Wort zur dann erforderlichen Narkose. Es ist ganz wichtig, dass der Mops während der Narkose intubiert wird, also ein spezieller Beatmungsschlauch vorsichtig durch Mund und Rachen in die Luftröhre eingeführt, der Hund während der gesamten Narkose künstlich beatmet und insbesondere in der Aufwachphase intensiv überwacht wird. Falls Ihr Tierarzt erklärt, das sei nicht erforderlich oder sogar unmodern, sollten Sie einen anderen Tierarzt oder Tierklinik konsultieren. Es ist von Vorteil und kann für Ihren Mops lebensrettend sein, wenn der Tierarzt sich mit der Rasse auskennt. Sie sollten ihn danach fragen.

Während der Scheinträchtigkeit werden bei der Hündin Spielzeuge Kindersatz.

Im Rudel zeigen Möpse zum Teil überraschende Verhaltensweisen, sie bleiben aber immer auf ihren Menschen fixiert.

Scheinträchtigkeit

Etwa 6 – 8 Wochen nach einer „ungenutzt" verstrichenen Läufigkeit kann es auch zu einer „Scheinträchtigkeit" der Hündin kommen – ihr Körper bildet sich eine Schwangerschaft ein. Zum Zeitpunkt der eingebildeten Geburt entwickelt die Hündin einen heftigen Pflegetrieb, sie trägt ihr Spielzeug, speziell Plüschtiere, in ihr Körbchen, beleckt und schiebt sie, als ob es ihre Welpen wären, an ihr Gesäuge.

Diese Scheinträchtigkeit ist in der Regel nicht behandlungsbedürftig. Es reicht häufig schon aus, wenn Sie Ihre Hündin durch intensive Spaziergänge ablenken. Es kann auch Milch ins Gesäuge einschießen. Prüfen Sie das bitte nicht durch Melkbewegungen, denn dadurch können Sie eine vermehrte Milchbildung auslösen und somit die ohnehin vorhandene Gefahr einer Gesäugeentzündung, die behandelt werden muss, erhöhen.

Unterschiedlich stark ausgeprägt

Im Prinzip wird jede Hündin nach jeder Läufigkeit scheinträchtig, da sie unabhängig von Deckakt oder Trächtigkeit in jedem Zyklus auf ihren Eierstöcken Gelbkörper bildet, die entsprechende Hormone produzieren. Allerdings zeigt nicht jede Hündin auch mütterliches Verhalten und starke Milchbildung. Ein Irrglaube ist jedenfalls, dass die Hündin nicht mehr scheinträchtig würde, wenn sie einmal geworfen habe. Auch Hündinnen mit einem oder mehreren Würfen werden regelmäßig scheinträchtig und können ebenso oft wie ungedeckte Hündinnen an Gebärmutterentzündung und Gesäugetumoren erkranken.

Kastration?

Wegen der Gefahr einer Gesäugeentzündung und wegen des oft stark veränderten Verhaltens während der Scheinträchtigkeit, das bei kurzen Läufigkeitsintervallen leicht mal die Hälfte eines Hundelebens ausmachen kann, aber auch zur Prophylaxe von Gesäugetumoren stellt sich bei Hündinnen, insbesondere bei solchen, die zu heftigen Scheinträchtigkeiten neigen, die Frage, ob man sie nicht kastrieren lassen sollte. Eine Überlegung, die man auch dann anstellen kann, wenn man Rüde und Hündin zusammen hält und nicht mit ihnen züchten will. Bei der Kastration werden übrigens bei beiden Geschlechtern die Keimdrüsen entfernt. Bei der Sterilisation werden lediglich Ei- bzw. Samenleiter unterbrochen, die Keimdrüsen bleiben dagegen intakt. D. h., die Hündin wird weiterhin läufig und scheinträchtig, kann auch weiterhin an Entzündungen der Gebärmutter oder, falls dieselbe entfernt und zumindest ein Eierstock belassen wurde, an noch schwieriger beherrschbaren Entzündungen des sogenannten Gebärmutterstumpfes und ebenso häufig wie unkastrierte an Gesäugetumoren erkranken, weshalb man die Sterilisation der Hündin eigentlich als Kunstfehler bezeichnen muss. Der sterilisierte Rüde reagiert immer noch auf jede heiße Hündin und bewahrt natürlich ein Risiko für Hodentumoren und Prostataerkrankungen, die jedoch zahlenmäßig nicht so sehr ins Gewicht fallen wie die beschriebenen Veränderungen bei der Hündin.

Vor- und Nachteile abwägen

Auf jeden Fall sollten Sie sorgfältig die Vor- und Nachteile einer Kastration abwägen.

Für die Hündin bedeutet sie eine Bauchhöhlenoperation mit allen dazugehörigen Risiken. Für beide Geschlechter gilt, dass sich vielfach der Appetit umgekehrt proportional zum Grundumsatz, also zum Futterbedarf, entwickelt, weshalb sie bis an ihr Lebensende auf Schmalkost gehalten werden müssen. Genau das ist auch der Grund dafür, dass man Kastraten auch gelegentlich träge und langweilig findet, was jedoch bei genauer Überprüfung fast immer daran liegt, dass sie über ihren Bedarf gefüttert wurden und daher dick, weniger fit und vital geworden sind. Schlanke Kastraten sind ebenso lebensfroh und munter wie unkastrierte Hunde.

Ein Mops, der sich wohl fühlt, blickt ruhig und gelassen in die Welt.

Vorhautkatarrh

Dagegen ist eine typische Rüdenerkrankung völlig harmlos: der Vorhautkatarrh, auch wenn man als Laie erst einmal erschrickt. Nach dem Harnabsatz kommt noch ein großer Tropfen Eiter hinterher. Als unsere beiden ersten Rüden dieses Symptom zeigten, sind wir in Panik zum Tierarzt gefahren. Der hat uns gütig lächelnd beruhigt und die Angelegenheit ausgespült. Das kann man als erfahrener Rüdenbesitzer sogar selbst machen. Eine beim Tierarzt für diesen Zweck erhältliche und zugelassene Pflegelösung oder auch eine milde Seifenlösung als Spülmittel sowie eine Einmalspritze aus Plastik (natürlich ohne Nadel), die gibt es rezeptfrei in der Apotheke, können dabei gute Dienste leisten. Sie sollten es sich jedoch auf jeden Fall erst einmal vom Tierarzt zeigen lassen.

Zwischenzehenekzem

Diese Entzündung, häufig an den Vorderfüßen, ist eine äußerst schmerzhafte Angelegenheit, die Hunde aller Rassen und aller Mischungen befallen kann. Bei der bakteriologischen Untersuchung finden sich fast immer typische Staphylokokken in den kranken Abschnitten. Der Hund hat so starke Schmerzen, dass er auf dem befallenen Fuß nicht auftreten kann. Wenn Sie selbst einmal ein entzündetes Nagelbett am Finger hatten, können Sie sich an die Schmerzen bei jeder Berührung sicher noch erinnern. Der Tierarzt wird einen eventuellen Abszess chirurgisch öffnen und antibiotisch behandeln. Wenn Sie sehr viel Erfahrung in homöopathischer Behandlung haben, dürfen Sie hier die entsprechenden Mittel versuchsweise einsetzen. Oft führen auch diese zu einer schnellen Heilung.

Rassespezifische Erkrankungen

Während alle bisher erwähnten Erkrankungen mehr oder weniger alle Hunde, gleich welcher Rasse befallen können, gibt es einige, die vermehrt bei bestimmten Rassen auftreten. Dies gilt leider auch für die Rasse Mops.

Brachycephales Syndrom

Möpse gehören zu den brachycephalen, den kurzköpfigen Rassen wie z.B. auch Bulldoggen, Chihuahua, King Charles Spaniel, Malteser, Pekinesen, Shi Tsu, Yorkshire Terrier und Boxer. Brachycephalie, also Kurzköpfigkeit, kann zu Problemen der oberen Atemwege führen, zum Brachycephalen Syndrom. In der schlimmsten Ausprägung leiden die Hunde unter schwerer Atemnot.

Kurzatmig? Von wegen! Mit Verstand gezüchtete Möpse leiden nicht unter Atemnot.

Diese Krankheit hat zwar ihren Namen von der besonderen Kopfform dieser Hunde, was jedoch nicht heißt, dass alle kurzköpfigen Hunde an ihr erkranken. Und es heißt auch nicht, dass sie auf die brachycephalen Rassen beschränkt ist. Aber es lässt sich nicht abstreiten, dass das Brachycephale Syndrom verstärkt bei diesen Rassen zu beobachten ist.

Für die Mopszüchter kann das nur bedeuten, dass mit Hunden, die Atembeschwerden haben, auf keinen Fall gezüchtet werden darf. Aus diesem Grund haben die den Mops betreuenden Zuchtvereine im VDH im Rahmen der Zuchtzulassungsprüfung einen Belastungstest eingeführt. Dieser Test soll sicherstellen, dass nur gesunde Tiere zur Zucht eingesetzt werden. Ob dies der Weisheit letzter Schluss ist, wird die Zukunft erweisen. Auf jeden Fall bedarf diese Krankheit der weiteren Aufmerksamkeit der Züchter und Zuchtvereine.

Demodikose

Diese Krankheit wird durch Demodex-Milben ausgelöst. Bei Demodex-Milben handelt es sich um Haarbalgmilben, die, wenn man nur lang genug sucht, auf jedem Hund zu finden sind. Das Immunsystem eines gesunden Hundes wird mit diesen Parasiten im Allgemeinen ohne Schwierigkeiten fertig. Es wird erst gefährlich, wenn das körpereigene Immunsystem entweder durch äußere Umstände geschwächt ist, z. B. durch eine andere Erkrankung, oder wenn Ihr Mops – was deutlich häufiger vorkommt – an einer angeborenen Immunschwäche leidet.

Weit offene klare Augen sind gesund. Vorsicht, wenn Ihr Mops ein Auge zukneift oder vermehrter Tränenfluss auftritt!

Symptome und Behandlung

Die Demodikose bricht meistens beim jungen Hund zwischen dem 6. und 12. Monat aus. Es kommt zunächst zu Haarausfall an verschiedenen Körperstellen, mit Vorliebe an Kinn, Stirn und Gliedmaßen. Diese Stellen jucken zunächst nicht, das unterscheidet sie von Hautpilzerkrankungen, die ähnlich aussehen, aber teuflisch jucken. Der Tierarzt wird eine Hautquetschprobe unter das Mikroskop legen, und wenn er ungewöhnlich viele Demodex-Milben vorfindet, entscheiden können, ob eine Demodikose vorliegt. Ohne mikroskopische Untersuchung kann keine echte Diagnose gestellt werden. Vor noch nicht einmal dreißig Jahren kam eine solche Diagnose übrigens einem Todesurteil gleich.

Heute gibt es jedoch geeignete Medikamente zur Bekämpfung dieser Krankheit. Wird sie nicht behandelt, können sich die Milben ungehindert vermehren. Sie fressen sich durch die Haut und es entstehen zunächst die oben erwähnten Kahlstellen. Diese Kahlstellen werden im weiteren Verlauf der Krankheit größer und entzünden sich. Die erkrankten Hunde verströmen einen ganz charakteristischen Geruch. Es kommt dann entweder zu einer tödlichen Sepsis oder die Tiere müssen eingeschläfert werden, weil sie sich wegen des schrecklichen Juckreizes mit ihren Krallen selbst schwer verletzen.

Ist die Ursache der Erkrankung eine erbliche Immunschwäche, darf mit den davon betroffenen Hunden natürlich nicht gezüchtet werden, gleich ob die Krankheit nun behandelbar ist oder nicht.

Hornhautentzündung und Hornhautgeschwür

Man kann es nicht leugnen, die Augen sind Schwachpunkte der Rasse. Bereits kleinere Augenirritationen, die normalerweise problemlos ausheilen, können beim Mops zu Hornhautentzündungen und, wenn es ganz schlimm kommt, zu Hornhautgeschwüren führen.

Wenn der Mops die Augen zukneift, seine Augen tränen oder gar bereits eine Trübung der Hornhaut auffällt, dann heißt das, ab zum Tierarzt, denn dann hat der Mops nicht selten eine behandlungsbedürftige Hornhautentzündung oder gar bereits ein Hornhautgeschwür. Der Tierarzt wird dem Hund ein Kontrastmittel ins Auge träufeln und so überprüfen, ob ein Defekt der Hornhaut vorliegt, etwa eine Schramme (Verletzung) oder ein kleines Loch (Hornhautgeschwür). In diesen Fällen wird er wissen, dass das an sich so wirksame Cortison hier streng kontraindiziert ist.

Bei rechtzeitiger Behandlung stehen die Chancen für eine Heilung jedenfalls recht gut. Wird die Behandlung auch nur kurzzeitig verschleppt, besteht im schlimmsten Fall die Gefahr, dass der Mops sein Auge, zumindest aber einen Großteil seiner Sehkraft verliert.

Augenspezialisten
Erfahrene Mopsbesitzer haben deshalb die Anschrift und Telefonnummer eines auf dem Gebiet der Augenkrankheiten versierten Tierarztes oder einer entsprechenden stets dienstbereiten Tierklinik griffbereit. Das sollte auch vor evtl. Urlaubsreisen abgeklärt werden. Glücklicherweise gibt es für bestimmte Fachgebiete auch unter den Tierärzten Spezialisten – wie bei den Humanmedizinern auch.

Patella-Luxation
Patella-Luxation ist die medizinische Bezeichnung für diese hauptsächlich bei kleineren Hunderassen vorkommende angeborene Fehlbildung des Kniegelenks. Die Kniescheibe (Patella) sitzt dabei nicht fest in der Gleitrinne im Oberschenkelknochen. Springt die Kniescheibe in der Bewegung immer wieder aus der Führung im Oberschenkelknochen, kann das mit der Zeit zu Gelenkentzündungen und Knorpelschäden und schließlich zu Lahmheiten führen. Wenn ein Hund häufiger ein Hinterbein für einige Schritte hochhält, kann das durchaus auf eine Luxation (Verrenkung) der Kniescheibe hinweisen.

Die Patella-Luxation kann mehr oder weniger stark ausgebildet sein, von noch nicht behandlungsbedürftig bis zu Operation dringend erforderlich. Das einzig positive an dieser Erkrankung ist, dass eine gut durchgeführte Operation den Hund beschwerdefrei bis an sein Lebensende macht. Aber auch hier gilt: Gezüchtet werden darf nur mit Hunden mit gesunden Kniegelenken.

Spondylose
Spondylose ist eine degenerative Skeletterkrankung, die die Wirbelsäule betrifft. Diese wird durch Kalkablagerungen überwuchert, was im Lauf der Zeit zu einer wachsenden Beeinträchtigung der aus ihr austretenden Nerven führt. Das Endergebnis sind häufig Lähmungen verschiedensten Grades im Bewegungsapparat, und nicht selten Inkontinenz, also die Unfähigkeit Urin- und Stuhlgang zu kontrollieren. Spondylose kann alle Hunde treffen. Leider sind die Möpse nicht frei davon. Ich kenne weltweit keine Linie, die völlig ohne Spondylosefälle wäre.

Symptome
Bei Möpsen verläuft die Spondylose fast immer schmerzfrei (die Tierärzte sprechen von einer „schlaffen Lähmung“). Das Problem bei den Möpsen ist, dass die ersten Anzeichen häufig erst auftreten, wenn schon damit gezüchtet wor-

Wenn Ihr Mops es nicht mehr schafft, gewohnt leicht auf seinen Sessel zu springen, könnte das das erste Anzeichen für eine beginnende Spondylose sein.

den ist, des Öfteren erst im Alter von 6 Jahren. Die Anzeichen sind aber sehr typisch. Dem Besitzer fällt wahrscheinlich zuerst auf, dass sein Mops nicht mehr so leichtfüßig wie bisher auf Bett und Sofa hüpft, er nimmt mühsam Anlauf, oft, indem er wie ein dicker Käfer „pumpt". Das bisher stramm gerollte Schwänzchen hängt immer öfter wie eine Weißwurst herunter und, vor allem, das Gangwerk wird schwankend, er ist nicht mehr so sicher auf den Hinterbeinen, er wirkt – wie mein Tierarzt einmal bemerkte – „like a drunken sailor".

Nach einem Aufenthalt im Grünen kann es nicht schaden, Ihren Mops auf Zecken zu untersuchen.

Im weiteren Verlauf kommt dann nicht selten zunächst eine Kotinkontinenz hinzu, d. h., der Hund verliert unkontrolliert seine Häufchen, später kann er seinen Blasenschließmuskel auch nicht mehr kontrollieren.

Das wird spätestens dann problematisch, wenn die Wohnung mit Teppichen ausgelegt ist. In diesem Stadium wird sich übrigens erweisen, wie viel Sie noch für Ihren inzwischen betagten Hund übrig haben. Als Lösung außer dem Entfernen der Teppiche bieten sich vielleicht Windelhöschen oder Ähnliches an.

Keine Heilung in Sicht

Es gibt derzeit keine Heilung und keine OP, wohl aber verschiedene Möglichkeiten, um den Verlauf zu verzögern, besonders auch aus der Naturheilkunde – Akupunktur, Neuraltherapie, Homöopathie und Futterzusätze (häufig auf der Basis von Muschelkalk), auch Bewegungstherapien zur Stärkung der Muskulatur – sogar unter Einsatz von Anabolika – können durchaus hilfreich sein. Gesund wird Ihr alter Mops allerdings nicht mehr.

Parasiten

Neben den oben bereits behandelten Würmern gibt es natürlich eine Vielzahl weiterer unerwünschter Plagegeister.

Flöhe

Man entdeckt sie häufig nicht sofort auf dem Hund. Da Flöhe sich vom Blut ihres Wirtes ernähren, verraten sie sich jedoch meistens schon durch den Juckreiz, den sie mit ihren Bissen bei ihrem Opfer auslösen. Den sichersten Beweis für Flohbefall haben Sie, wenn sich vom Hund ausgekämmte schwarze Krümelchen unter Wasser rot färben. Wenn man einen lebenden Floh auf einem Hund entdeckt und erwischt hat, heißt das aber nicht, dass damit ausgesorgt ist, denn einmal werden Sie kaum alle Flöhe erwischen und rein statistisch halten sich ohnehin nur 10 % aller Flöhe auf ihren Opfern auf, der Rest befindet sich in der Wohnung. Das heißt für Sie, falls Ihr Hund Flöhe hat, müssen Sie auch seine Umgebung, seinen Schlafplatz z. B., und auch andere im Haus wohnende Hunde und Katzen behandeln.

Flohprophylaxe

Durch frühzeitige Flohprophylaxe kann man jedoch den Anfängen wehren. Wirksame Präparate erhalten Sie nur beim Tierarzt oder gegen Rezept auch in der Apotheke. Gut bewährt haben sich Spot-on-Präparate, die gleichzeitig auch gegen andere Parasiten wie Würmer und Zecken wirken, lediglich gegen Bandwürmer muss in aller Regel separat entwurmt werden.

Mit etwas Vorsicht zu genießen sind Flohhalsbänder. Das von diesen Halsbändern ständig verströmte Gas wird vom Hund über Haut, Nase und Augen aufgenommen und belastet dadurch über längere Zeit den Organismus, von dem für den Hund unangenehmen Geruch ganz zu schweigen.

Vorsicht ist auch geboten, weil der Mops ein Familienhund ist. Insbesondere für kleine Kinder und empfindliche Erwachsene können Flohhalsbänder durchaus krankheitserregend wirken, wenn intensiv mit dem Mops gekuschelt wird. Und auch beim Spot-on-Verfahren gilt: 24 Stunden nach der Behandlung Streichelverbot für ganz kleine Mitmenschen und Intensivkuschelverbot für die Erwachsenen.

Vorsorge gegen Zecken und Flöhe ist wichtig, lassen Sie sich von Ihrem Tierarzt beraten.

Zecken

Zecken sind ebenfalls Blutsauger, man findet sie häufig erst auf dem Hund, wenn sie sich bereits festgesaugt haben. Mit einer Zeckenzange aus Apotheke oder Zoogeschäft lassen sie sich in aller Regel rückstandslos herausdrehen. Wichtig ist: Versuchen Sie nicht, die Zecke vorher zu ersticken, in dem Sie z. B. eine Tropfen Öl oder Alkohol darauf träufeln. Die Zecke reagiert auf solche Manipulationen – wie man inzwischen weiß – damit, indem sie ein Sekret ausspuckt, dass sehr bakterienhaltig ist und damit zusätzliche Probleme verursachen kann. Falls trotz aller Vorsicht der Kopf der Zecke zurückgeblieben ist, sollte man sie durch den Tierarzt wegen Entzündungsgefahr entfernen lassen. In verschiedenen Landstrichen sind Zecken Verbreiter von nicht ungefährlichen Krankheiten, gegen die nur zum Teil geimpft werden kann. Der Tierarzt gibt (wichtig auch vor dem Urlaub) Auskunft.

Milben

Da gibt es die verschiedensten Arten, die mit Ausnahme der Demodex-Milbe alle beim Hund und manchmal auch beim Menschen oder anderen Kontakttieren einen starken Juckreiz verursachen. In aller Regel weiß der Tierarzt wirksame Hilfe.

Erziehung leicht gemacht

Ihr Mops wird alles lernen, was Sie ihm beibringen wollen. Aber er wird auch immer wieder versuchen, seinen eigenen Kopf durchzusetzen. Es wird also an Ihnen liegen, ob und wie schnell er Ihren Signalen folgen wird. Sie müssen ihm nur klarmachen, dass es sich lohnt, Ihnen zu gehorchen.

Der etwas andere Hund

Sollten Sie bereits Erfahrung in der Erziehung von Hunden einer anderen Rasse haben, werden Sie rasch feststellen, dass es neben den Dingen, die natürlich bei allen Hunden gleich sind, der Mops einige Besonderheiten zu bieten hat. Was als Erstes auffällt, ist der Eindruck, dass ein Mops anscheinend nicht erwachsen werden will. Möpse behalten bis an ihr Lebensende eine welpenhafte Zutraulichkeit und ihr Vertrauen zum Menschen. Es bereitet ihnen Vergnügen, mit fremden Menschen Kontakt aufzunehmen und daran ändern auch gelegentliche schlechte Erfahrungen kaum etwas.

Möpse mögen Körperkontakt. Je näher, umso besser!

So nah wie möglich

Dass der Mops ständig in der Nähe seines Menschen sein will, versteht sich dabei von selbst. Er lernt zwar, dass Sie für ein paar Stunden täglich das Haus verlassen müssen, um Geld für sein Hundefutter zu verdienen, aber wenn Sie dann wieder zu Hause sind, will er ganz nah bei Ihnen sein, wenn schon nicht auf Ihrem Schoß oder eng neben Ihnen auf dem Sofa, dann wenigstens neben Ihren Füßen. Das sollten Sie übrigens schon beim Kauf bedenken, wenn Sie eine solche Anhänglichkeit nervt, ist der Mops nicht der richtige Hund für Sie.

Durch den freundlichen Charakter der Möpse kommt bei vielen Mopsbesitzern schnell der Wunsch nach einem Zweit- oder sogar Drittmops auf.

Einen Vorteil hat dieses Verhalten auf jeden Fall, Sie werden keine Schwierigkeiten beim Tierarzt haben. Wenn Sie dabei sind, wird er Ihnen freudig in die Praxis folgen, selbst dann, wenn die Behandlung in der Vergangenheit vielleicht unangenehm war.

Kindliches Gemüt

Wenn Sie sich dann – wie so viele vor Ihnen – zu Ihrem ersten einen zweiten oder gar dritten Mops ins Haus geholt haben, wird das auch im Erwachsenenalter beibehaltene Welpenverhalten deutlich. Während fast alle anderen Hunde als Erwachsene keinen zu engen Hautkontakt mit Artgenossen haben wollen und mit meist deutlichem Abstand zueinander schlafen, liegen oder sitzen Möpse wie Welpen in der Wurfkiste eng bei- oder aufeinander. Der Verhaltensbiologe und Mopsfachmann Frank in der Wieschen hat dafür mit leichtem Schmunzeln den sehr hübschen Ausdruck „Knubbelliegen“ oder „Knubbelsitzen“ erfunden.

„Mops-Appeal“

Eine weitere Vorbemerkung ist auch ganz wichtig. Wenn Ihnen die Erziehung Ihres Mopses nicht so leichtfällt, dann hat das vielleicht etwas damit zu tun, dass der Mops ein Paradebeispiel für das ist, was der berühmte Verhaltensforscher und Nobelpreisträger Konrad Lorenz als Kindchenschema bezeichnet hat, dicker großer Kopf, hohe Stirn, Kulleraugen, dicke Beinchen. Wenn Sie diesem geballten Appell an Ihren Pflegeinstinkt widerstehen können – zumindest ab und an – dann besteht durchaus die Chance, dass sich auch Ihr Mops als erziehbar erweist, allerdings nur unter der Voraussetzung, dass Sie sehr geduldig und sehr konsequent sind.

Ein Mops will seinem Menschen gefallen

Bei der Erziehung Ihres Welpen können Sie sich eine seiner liebenswertesten Eigenschaften zunutze machen: Ein Mops will – und das gilt sein ganzes Leben lang – seinem Menschen gefallen. Wenn er Ihnen gehorcht, dann eigentlich nur, weil er freundlich, weil er gefällig sein will und weil er Wert darauf legt, dass Sie freundlich und nett zu ihm sind.

Mangelnde Diensthundqualitäten

Das heißt aber auch, dass Sie aus Ihrem Mops keinen Hund machen können, der Ihnen wie ein Diensthund gehorcht. So wird Ihr Mops, der beim Spaziergang aufs Wort gehorcht, wenn Sie ihn zu sich rufen, im eigenen Garten dem gleichen Befehl nur bedingt folgen. Er hat nämlich gelernt, dass es immer einen guten Grund dafür gibt, dass er in freiem Gelände zurückbeordert wird, im eigenen Garten jedoch gibt es weder Jogger noch ängstliche Mütter von Kleinkindern oder andere Gefahren wie Autos oder Pferde.

Warum also sollte er sofort kommen, wo doch das Mauseloch unter dem Bäumen so viel interessanter ist? Der Mops hat demzufolge den Sinn des Wortes „Hierher" oder „Komm her" durchaus begriffen, ob er jedoch sofort gehorcht oder lieber eigenen Interessen den Vorzug gibt, das entscheidet er manchmal selbst.

Eine Frage der Lust

Dazu passt, was eine Freundin von einem Mops in den USA zu berichten wusste. Dieser Hund wurde von seinem begeisterten Besitzer immer wieder bei Obedience Trials vorgestellt. Obedience (deutsch: Gehorsam) ist eine Hundesportart, bei der es besonders auf harmonische, schnelle und exakte Ausführung der Übungen ankommt. Obedience wird auch als „Hohe Schule" der Unterordnung bezeichnet. Ein eingespieltes, gutes Mensch-Hund-Team ist eine Grundvoraussetzung. Bei Obedience-Prüfungen geht es nicht allein um den Gehorsam des Hundes. Es spielt auch seine Sozialverträglichkeit mit anderen Menschen und Hunden eine große Rolle. Der Mops schnitt meistens hervorragend ab – es sei denn, er hatte keine Lust, dann lief er zur Ringabsperrung und machte den Besuchern lieber Spielanträge.

Einen verspielten Mops konsequent zu erziehen, ist nicht immer ganz leicht. Hier ist Standhaftigkeit gefragt.

Es liegt an Ihnen

Es hängt also im Wesentlichen von Ihnen, Ihrer Geduld, Ihrem Einfühlungsvermögen und Ihrer Konsequenz ab, ob Sie ein eher gehorsames oder ein querköpfiges Familienmitglied haben werden. Sie sollten sich daher durch seinen Charme nicht von ihren Erziehungsbemühungen abbringen lassen. Liebenswert und menschenfreundlich ist er zwar immer, und zur Not können Sie den kleinen Kerl ohnehin einfach auf den Arm nehmen, aber einfacher und angenehmer ist es sicherlich, wenn er folgsam ist.

Der Mops wartet in gespannter Aufmerksamkeit auf den Ruf seines Menschen, um sofort loszugaloppieren.

Ein eher legerer Typ

Für Sie bedeutet das, je enger und vertrauensvoller Ihr Verhältnis zu Ihrem Hund ist, desto mehr wird er bestrebt sein, Ihnen zu gefallen, und umso gehorsamer wird er sein. Er wird zwar – wie oben schon erwähnt – nie den Standard eines Diensthundes erreichen, er wird nie vor Ihnen strammstehen, mit gebügelter Uniform sozusagen, sondern immer etwas schlampert daherkommen, aber er wird so rasch wie irgendein anderer Hund begreifen, was Sie von ihm wollen. denn dümmer als andere ist er sicher nicht.

Erziehungs-Basics

Einige wenige grundlegende Befehle sollte er auf jeden Fall kennen, das kleine Einmaleins sozusagen.

„Komm her“

Wenn Sie Ihren Hund jederzeit in der Hand haben wollen, dann muss er unbedingt das Signal „Komm“ kennen und befolgen. Er sollte sich zu seiner eigenen Sicherheit von allem abrufen lassen, sei es ein Radfahrer, ein Jogger, ein nicht einzuschätzender großer Hund oder ein Kinderwagen, geschoben von einer ängstlichen Mutter, die beim Anblick eines Hundes, und sei es nur ein Mops, in Panik gerät. Wie Sie dieses Hörzeichen nun formulieren, bleibt Ihnen überlassen, ob es nun: „Komm" oder „Komm her" oder auch „Hierher" lautet, ist unerheblich. Es sollte nur immer dasselbe Hörzeichen sein. Ihr Mops muss auf jeden Fall sofort mit dem aufhören, was er gerade tut, und zu Ihnen kommen. Den besonderen Trick hat ein Besucher, der bei uns war, ganz schnell erkannt. Er fragte mich: „Kommen Ihre Hunde denn, wenn Sie rufen?" – „Na klar!"

Ich rief und sie kamen. Worauf er etwas enttäuscht feststellte: „Ja sicher, die kommen ja gern." Und das ist der Trick. Der Ruf muss wirken, und das erreicht man am allerbesten mit Belohnung, der Kleine kommt, weil er sich darauf freut. Es muss sich dabei gar nicht immer um ein Leckerli handeln – Schmusen und Loben reichen Ihrem Mops oft als Belohnung aus.

„Nein" und „Aus"

Zweierlei sollte Ihr Mops ebenfalls beherrschen. Er muss begreifen, dass es Dinge gibt, die ihm verboten sind, und er muss alles, was er in seine Schnauze genommen hat, auf Signal und ohne zu knurren hergeben.

Gerade ein junger Mops probiert gern aus, er untersucht alles ganz genau mit Nase und Zähnen. Dabei kann er jedoch nicht unterscheiden, ob der aufgenommene Gegenstand nur z.B. ein harmloses Stück Plastik ist oder eine offene Flasche mit scharfen Reinigungsmitteln. Er kann auch nicht wissen, dass nicht alles, was danach riecht, tatsächlich bekömmlich ist. Und dass der Schuh, den er gerade zwischen den Zähnen hat, nicht gerade billig war,

Besonders groß ist das Vergnügen, wenn sein Mensch ihn mit ausgebreiteten Armen erwartet.

interessiert ihn auch nicht besonders. Ebenso ist ihm unklar, dass in Ihrem Haus weder Stuhlbeine angenagt, Mülleimer ausgeräumt noch Elektrokabel zerbissen werden. Ihr Mops weiß es nicht, also müssen Sie es ihm beibringen.

Tote Eichhörnchen sind unerwünscht

Ich muss gestehen, als wir vor vielen Jahren unsere ersten beiden Möpse Alf und Axel ins Haus holten, war uns das alles nicht so klar. Doch bereits am zweiten Tag wurde uns bewusst, auf was wir uns eingelassen hatten. Die beiden verschwanden plötzlich unter unserer sehr breiten Gartenhecke, denn dort gab es offenbar etwas ungemein Appetitanregendes, das sofort begutachtet werden musste. Glücklicherweise erkannten wir rechtzeitig, um was es sich handelte: Es war ein nach Aas stinkendes, mit Maden verziertes totes Eichhörnchen. Natürlich waren wir dagegen! Wer schmust schon gern mit einem Welpen, der sich kurz zuvor mit stinkendem Aas beschäftigt hat? Ohne weiteres Nachdenken stießen wir ein lautes und bedrohliches „Nein" aus und rissen die beiden Möpschen hoch. Dann allerdings haben wir es – wie ich inzwischen weiß – richtig gemacht. Wir haben die Kleinen wieder auf den Boden gesetzt und haben jede Bewegung der beiden in Richtung Aas mit einem energischen „Nein" unterbunden. Es dauerte etwas, aber wir haben es geschafft, sie hatten gelernt, was das Wort „Nein" bedeutet. Dass das nicht ohne viel Lob abging, versteht sich von selbst. Wie das Kommando lautet, ob „Nein" oder „Pfui" oder was Ihnen sonst so einfällt, ist auch hier nicht wichtig, es sollte nur immer dasselbe Wort sein. Das tote Tier wurde natürlich bei der ersten Gelegenheit beseitigt.

„Aus“

Alles, was einen jungen Hund interessiert und nicht zu groß ist, wird letztendlich in die Schnauze genommen. Dass das nicht immer ungefährlich ist, braucht nicht näher erläutert zu werden. Also muss er lernen, diese Dinge auf Kommando und ohne Widerrede herzugeben. Sie sollten natürlich nicht erst eine bedrohliche Situation abwarten und dann erst mit der Lektion beginnen. Wenn es so weit ist, sollte der Kleine das Hörzeichen „Aus“ oder „Gib her“ bereits kennen.

Sie nehmen etwas, von dem Sie wissen, das Ihr Hund es allem anderen vorzieht, ein bestimmtes Spielzeug oder ein Leckerli in die Hand. Wenn der Kleine dann etwas anderes im Maul hat, zeigen Sie ihm, was Sie in der Hand haben. Lässt er daraufhin seine Beute, die er zwischen den Zähnen hat, fallen, sagen Sie im gleichen Moment vernehmlich „Aus“ und geben ihm den geliebten Gegenstand. Wenn Sie das einige Male wiederholen, wird er mit der Zeit begreifen, was Sie von ihm beim Signal „Aus“ wollen und dass es sich lohnt, folgsam zu sein. Natürlich müssen Sie ihn auch hier immer wieder ausführlich loben und belohnen.

„Sitz“

Dieses Signal lernt Ihr Mops recht schnell, denn Sitzen ist für ihn ein selbstverständlicher Bewegungsablauf, für den er nur noch das Hörzeichen kennenlernen muss. Üben Sie „Sitz“ zunächst in der ruhigen häuslichen Umgebung ohne Ablenkung durch fremde Reize. Nehmen Sie ein Leckerli in die Hand und halten es in Nasenhöhe. Dann führen Sie Ihre Hand mit dem Leckerli über seinen Kopf nach hinten und sagen leise und freundlich „Sitz“. Natürlich folgt er Ihrer Hand mit der Nase. Um nicht umzufallen, wird er sich zwangsläufig hinsetzen. Bei dieser Übung sollten Sie auf keinen Fall die Hand vor dem hochhüpfenden kleinen Kerl wegziehen, wenn Sie das Leckerchen tiefer halten, nimmt er von allein die gewünschte Sitzposition ein. Sie sagen noch mal „Sitz“, loben ihn ausführlich und geben ihm das Leckerli.

Das Ganze wiederholen Sie noch zwei, drei Mal und üben in den nächsten Tagen weiter. Nach ein paar Tagen schon wird er auf das Wort „Sitz“ richtig reagieren, in der Folge genügt dann ein Lob. Leckerlis als Belohnung für seinen Gehorsam gibt es ab sofort nur noch gelegentlich.

Sehen sie nicht aus wie Max und Moritz vor dem nächsten Streich?

Allein bleiben

Das Leben wird für Sie und Ihren Mops sehr viel leichter, wenn er eine für ihn überschaubare Zeit allein bleiben kann. Das kann man schon mit dem kleinen Welpen üben. Zunächst verlässt man ihn und das Zimmer unauffällig, gibt ihm vielleicht sogar ein Spielzeug zur Beschäftigung und kommt nach ein paar Minuten wieder. Allerdings sollte man das Zimmer nicht betreten, wenn er gerade heult oder an der Tür kratzt, denn dann würde man sein Verhalten belohnen, indem man ihm zeigt, dass er Ihr Wiederkommen herbeigeheult und -gekratzt hat.

Ihr Mops sollte an der lockeren Leine neben Ihnen laufen.

Die Dauer des Alleinseins kann man kontinuierlich steigern, beim Verlassen sollten Sie einen bestimmten Satz gebrauchen, etwa: „Frauchen kommt gleich wieder." Sie kehren ohne großes Theater zurück, denn es soll ja das normalste der Welt sein. Ihr Mops wird ganz schnell wissen: Mein Mensch kommt gleich wieder, ganz bestimmt. Die Dauer Ihrer Abwesenheit sollte allerdings nicht über vier Stunden hinaus gehen.

Leinenführigkeit

Geschirr oder Halsband

Geschirr oder Halsband ist reine Geschmacksache. Denn wenn der Welpe sich erst einmal an das Halsband gewöhnt und gelernt hat, manierlich an der Leine zu gehen, dann akzeptiert er problemlos auch das Geschirr. Viele Mopsbesitzer sind Fans von Geschirren. Sie glauben nämlich, der Kleine würde sich durch Ziehen an der Leine mit dem Halsband die Luft abschnüren. Diese Sorge teile ich zwar nicht, muss jedoch zugeben, dass das Geschirr zweifellos einen Vorteil hat: Sollte es tatsächlich einmal notwendig sein, den Mops schnell hochzuheben, geht das durch einen Griff ins Geschirr leichter als auf jede andere Art. Ich persönlich neige mehr zu Halsbändern, und zwar zu solchen, die locker am Hals liegen und sich beim Zerren ein wenig zuziehen, weil ich finde, dass ein lockeres Halsband hübscher aussieht, als ein eng anliegendes. Ein Geschirr oder Halsband, das auch nur eine Spur zu eng angelegt ist, macht auch aus einem normalgewichtigen Mops optisch eine kleine fette Wurst.

Noch ein Tipp, zu Hause sollten Sie Ihrem Mops Halsband oder Geschirr abnehmen. Ansonsten hinterlässt es im Fell deutlich sichtbare Spuren.

Gewöhnung an Halsband und Leine
Der Anfang ist leicht. Gewöhnen Sie den kleinen Kerl zunächst an das Gefühl des Halsbandtragens. Anfänglich wird es ihm lästig sein – ein paar Haare können sich darin verfangen, es kann ziepen und jucken. Wenn er sich hinsetzt und wie verrückt kratzt, lenken Sie ihn ab, indem Sie mit ihm spielen. Wenn er ganz selbstverständlich damit herumläuft, befestigen Sie eine leichte Leine daran, bis er auch das Gefühl hinnimmt, von dem Ding „verfolgt" zu werden. Dann erst legen Sie ihm die Leine auch in freier Natur an. Jetzt kommt Ihnen zugute, dass der Kleine auf keinen Fall von Ihnen weg will, es wäre für ihn das Schlimmste, Sie zu verlieren.

Ein gemeinsames Ziel vor Augen
Und ab jetzt ist Ihre Konsequenz gefragt: Er muss sich daran gewöhnen, dass Sie die Richtung angeben. Das erreichen Sie am besten, indem Sie stehen bleiben, wenn er in die andere Richtung zerrt. Zerren Sie ihn nicht in Ihre Richtung, sondern zeigen Sie ihm, dass es für ihn am angenehmsten ist, wenn er Ihnen folgt. Der Lernprozess dauert selten länger als ein paar Tage.

Übermut
Das Ganze kann allerdings ausarten: Vor Freude über den anstehenden Spaziergang kann der Kleine in zappelnde Galoppsprünge verfallen, um das Tempo in seinem Sinne zu optimieren. Dem dürfen Sie nicht nachgeben, wenn Sie nicht dauerhaft an der straff gespannten Leine hinter dem Kleinen hergaloppieren wollen. Investieren Sie Ihre Zeit und bleiben Sie konsequent stehen. Er wird rasch merken, weshalb Sie sich so stur verhalten und entscheiden, dass langsames Gehen um Welten besser ist als stehen zu bleiben.

Lassen Sie es nicht zu, dass Ihr Mops Sie an der Leine durch die Gegend zerrt. Zumindest Ihr Vergnügen dürfte sich im Galopp hinter dem Mops eher in Grenzen halten.

Was Möpse alles lernen können

Kennt der Hund die bisher genannten Signale, dann hat er gewissermaßen den Hauptschulabschluss geschafft. Es wird Sie jedoch niemand daran hindern, Ihren Mops darüber hinaus weiter auszubilden. Dabei können Hundeschulen mit professionellen Trainern hervorragende Hilfestellung leisten. Ihr Tierarzt oder das örtliche Tierheim werden Ihnen sicherlich entsprechende Adressen vermitteln können. Einige hervorragende Bücher zum Thema Welpen- und Hundeerziehung finden Sie im Literaturverzeichnis.

Freizeit mit dem Mops

Für die gemeinsame Freizeit sind Ihrer Fantasie keine Grenzen gesetzt. Ob Sie mit ihm wandern, auf der Hundewiese Spielpartner suchen oder mit ihm als ehrenamtlichem Helfer alte Herrschaften im Altersheim besuchen, Ihr Mops wird begeistert mitmachen. Er liegt jedoch genauso gern mit Ihnen auf dem Sofa.

Rassebedingte Aufgaben und Fähigkeiten

Es gibt Hunderassen, die wurden gezüchtet, damit sie für den Menschen ganz bestimmte Aufgaben erfüllen, zum Beispiel Schafe hüten, Gebäude bewachen, Wild aufstöbern oder zurückbringen. Wird ein solcher Hund zum Familienhund umfunktioniert, kann das unter Umständen zu Schwierigkeiten führen, weil die dem Hund über viele Generationen angezüchteten Fähigkeiten und Verhaltensweisen bei einem Familienhund nicht benötigt und daher auch nicht mehr abgefordert werden. Damit dieser Hund geistig und körperlich gesund bleibt, bedarf es eines besonderen Trainingsprogramms, damit er seine angeborenen Instinkte ausleben und seine Fähigkeiten anwenden kann.

Bringspiele sind ein Vergnügen für Mensch und Hund.

Geborenes Gesellschaftstier

Ihr Mops wurde nur zu einem Zweck gezüchtet: dem Zusammenleben mit dem Menschen, und diese Aufgabe beherrscht er perfekt. Das heißt allerdings auch, dass er kein ausgeklügeltes Beschäftigungsprogramm für das Zusammenleben benötigt. Für sein seelisches Gleichgewicht genügt ihm Ihre Gesellschaft auf dem Sofa völlig und die Programmwahl beim Fernsehen überlässt er Ihnen auch.

Ein Galopp durch das Wasser macht richtig Spaß.

Spaziergänge

Ihnen ist sicher klar, dass der Mops nicht nur auf dem Sofa sitzen kann. Damit er nicht sehr schnell alle je gegen ihn geäußerten Vorurteile – Sie wissen schon: dumm, faul, dick und gefräßig – bestätigt, muss er raus.

Hoch hinauf: Auch ein Mops kann kleine Felsen erklimmen und ist danach stolz wie Oskar!

Er muss von Anfang an möglichst viele Umwelterfahrungen machen. Er sollte, so früh es geht, andere Menschen und Hunde kennenlernen.

Dazu und damit er auch körperlich fit bleibt, sind regelmäßige möglichst abwechslungsreiche Spaziergänge das geeignete Mittel. Länge und Schnelligkeit der Spaziergänge müssen dem Alter und der Kondition des Hundes angepasst sein. Weder dem noch nicht einjährigen Mops noch dem alten Hund sind mehrstündige Gewaltmärsche zuzumuten. Für den erwachsenen und gesunden Mops jedoch gilt grundsätzlich: Was sein Mensch kann, kann auch der Mops.

Wege und Begegnungen

Sie sollten jedoch nie vergessen, dass ein Spaziergang für Ihren Vierbeiner mehr ist, als nur von A nach B zu kommen. Wenn Sie das Glück haben, Ihren Hund frei laufen lassen zu können, werden Sie feststellen, dass der Spazierweg für ihn mindestens dreimal so lang ist wie für Sie. Er rennt vor, kommt wieder zurück, er schnüffelt rechts und

Hochspritzendes Wasser ist eine herrliche Abkühlung an einem heißen Sommertag.

links vom Weg die Grußbotschaften der vor ihm hier entlanggelaufenen Artgenossen und hinterlässt selbst welche. Selten wird er brav und gelangweilt neben Ihnen hertrotten. Wenn er unterwegs gute Bekannte trifft, geht das Vergnügen erst richtig los. Sie brauchen bei dem Ganzen übrigens keine Angst davor zu haben, dass Ihnen Ihr Mops abhandenkommt. Er wird Sie während des Spaziergangs nicht aus den Augen lassen. Ändern Sie die Richtung, wird er das in aller Regel schnell bemerken und Ihnen folgen. Das darf Sie selbstverständlich nicht dazu veranlassen, unaufmerksam zu sein.

An der langen Leine

Wenn es Ihr Spazierweg nicht erlaubt, z. B. wegen des Straßenverkehrs, Ihren Hund von der Leine zu lassen, dann gönnen Sie ihm bitte eine möglichst lange Leine, die es ihm ermöglicht, sich wenigstens etwas unabhängig von Ihnen zu bewegen, auch mal stehen zu bleiben, um zu schnüffeln oder sein Bein zu heben. Anleinen müssen Sie ihn überall da, wo Ihnen motorisierte Fahrzeuge begegnen könnten, denn auch im wohlerzogensten Mops kann unerwartet der verspielte Chaot durchbrechen. Einen Zusammenstoß mit einem Auto würde er jedoch nicht überleben, und seinen Hund durch einen solchen Unfall zu verlieren, gehört zu den grausamsten Erfahrungen.

Auch Bergwanderungen sind mit dem Mops möglich. In schwierigem Gelände leistet ein solcher Mopsrucksack sehr gute Dienste.

Möpse und Wasser

Möpse und Wasser das ist ein ganz besonderes Kapitel. Wenn man viele Jahre mit einer ganzen Mopsmeute zusammengelebt hat, dann hat man leidenschaftliche Wasserratten und extrem wasserscheue Exemplare, die Wasser äußerstenfalls als Nahrungsmittel akzeptieren, kennengelernt – eigentlich wie bei uns Menschen auch. Die Wassersüchtigen springen mit großem Hurra in jeden Bach oder Teich, in jede Pfütze und jedes Planschbecken, die Wasserscheuen können kaum dazu überredet werden, eine feuchte Wiese zu betreten.

Vorsicht, heißes Auto!

Unsere beiden ersten Möpse gehörten zu den Wassersüchtigen. Sie genossen jeden Wasserkontakt – glücklicherweise, denn in ihrem ersten Sommer hat ihnen diese Vorliebe einmal sozusagen das Leben gerettet. Sie begleiteten uns natürlich auch zum Einkaufen. Da sie nicht mit in den Supermarkt durften, mussten sie im Auto bleiben. Wir waren aber noch blutige Anfänger. Selbstverständlich hatten wir alles, was uns über Hundehaltung in die Finger fiel, gelesen. Wir wussten also ganz genau, dass wir unsere Kleinen nicht im Auto zurücklassen durften, ohne für ausreichend Luftzufuhr zu sorgen und dass der Wagen natürlich nicht in der Sonne stehen durfte. So weit, so gut. Was wir allerdings nicht bedacht hatten, war, dass die Sonne wandert und zwar schnell. Das heißt, als wir nach knapp 20 Minuten zum Auto zurückkamen, fanden wir unsere beiden erbärmlich keuchend und schon ziemlich apathisch vor, das Auto stand nämlich inzwischen an einem heißen Sommertag in der prallen Sonne. So schnell wir konnten, fuhren wir zu einem nahe gelegenen kleinen Bach und warfen die beiden fast ins Wasser. Zu unserer großen Erleichterung dauerte es nicht lang und sie hatten sich erholt.

Swimmingpool für Möpse

Diese Methode mag nicht sehr professionell gewesen sein und heute gingen wir sicherlich etwas vorsichtiger zu Werke, aber eins hat uns diese Erfahrung gelehrt, auch den heißesten Sommer – ansonsten nicht unbedingt die günstigste Jahreszeit für unsere Möpse – kann man ihnen durchaus erträglich machen. Abgesehen davon, dass man sich im Hochsommer nicht ausgerechnet die heißeste Tageszeit für einen Spaziergang mit dem Hund aussuchen sollte, kann ein kleiner Bach oder Teich, der dem Hund die Gelegenheit gibt, sich etwas Abkühlung zu verschaffen, sehr zum Wohlbefinden Ihres Vierbeiners beitragen. Und auch in der Stadt fernab von jedem Gewässer können Sie ihm etwas Badespaß bereiten, denn selbst auf den kleinsten Balkon passt eine normal große Wasserschüssel, in der sich ein Mops die Beine bis zum Ellbogen abkühlen kann. Und wenn es keinen Balkon gibt, dann muss eben die Dusche ran. Im Garten leistet z. B. eine Seerosenwanne ausgezeichnete Dienste. Eine solche Wanne ist praktischer als ein Kinderplanschbecken, weil sie deutlich widerstandsfähiger gegen harte Mopskrallen ist. Manche Möpse drehen nämlich geradezu durch, wenn ihr Bauch erst einmal nass ist, sie fangen an, im Wasser zu scharren und hineinzubeißen. Ein dünnwandiges Planschbecken hält mitunter nicht lange durch. Hat sich Ihr Mops an eine solche Badegelegenheit gewöhnt, wird für ihn auch ein heißer Tag kein Problem mehr sein.

Hajo in der Entengrütze

Dass ganz normale Gartenteiche, wie weiter vorn bereits erwähnt, nicht nur für Welpen gefährlich sein können, hat uns die dramatische Geschichte mit Hajo gelehrt. Wir hatten endlich nach längerem Suchen ein Grundstück für uns und unsere Möpse gefunden, mit einem kleinen Wald und einem etwa 10 x 20 Meter großen Forellenteich, von einem größeren Bach begrenzt. Der Teich war zwar nicht sonderlich mopsgeeignet, denn er war rundherum mit einer steilen Steinmauer eingefasst, die kein kleiner Hund von der Wasserseite hätte erklimmen können. Doch diesem Umstand konnte leicht mit ein paar Fuhren Kies, die das Ufer abflachten, abgeholfen werden.

Leider hatten sich Wasserlinsen, auch „Entengrütze" genannt, angesiedelt und vermehrt, d.h., die Wasseroberfläche war lückenlos mit grünen Pflanzen bedeckt. Unsere eigenen Hunde konnten selbstverständlich grüne Wiese von grünem Teich unterscheiden, Hajo, der Besuchshund, jedoch offensichtlich nicht. Von uns und seiner Besitzerin zunächst unbemerkt, war er in den Teich gefallen und ist untergegangen. Nur durch einen glücklichen Zufall haben wir sein Missgeschick im letzten Moment bemerkt. Die Pflanzendecke hatte sich schon fast wieder über Hajo geschlossen. Wir haben den bereits leblosen Hund aus dem Teich gefischt und ich konnte ihn glücklicherweise durch Mund-zu-Mund-Beatmung reanimieren.

Hajo hat mich übrigens, so lange er lebte, nicht wieder vergessen und mich bei jedem Treffen – ganz anders als zuvor – überschwänglich begrüßt, hat auf meinem Schoß Platz genommen und mich erst zum Abschied wieder freigegeben.

Keine Angst vor Dreck und Schlamm. Bis Sie wieder zu Hause sind, ist das Fell wieder sauber.

Massenbad im Gartenteich

Es gibt eine hübsche Fortsetzung zu der dramatischen Hajo-Geschichte. Die erste Zeit nach Hajos Abenteuer bekamen alle unsere Besucher diese spannende Geschichte erzählt und nahmen sie auch angemessen beeindruckt auf. So auch unsere Freundin Petra. Bei einem großen Mopstreffen auf unserem Grundstück sah sie auf einmal einen Mops im Teich. Ohne weiter nachzudenken, sprang sie ins Wasser und nahm die Mopsdame auf den Arm. Das war allerdings der Startschuss für zehn weitere Möpse, die ihr mit Anlauf in den Teich folgten.

Die Hunde genießen das Marschieren im Wasser, ähnlich wie Menschen das Wassertreten im Kneippbad.

Frauchens Wasserangst

Diese Geschichte hat uns aber auch klargemacht, dass man seinen Mops nicht vor allem beschützen kann. Weil sein Frauchen selbst panische Angst vor Wasser hatte, lernten auch ihre Möpse kein Wasser kennen, weder Bach noch Teich. Vielleicht war das der Grund, dass Hajo Entengrütze und Wiese nicht unterscheiden konnte und beim Untergehen vor Schreck ohnmächtig wurde, denn wie alle Hunde konnte er schwimmen. Bezeichnenderweise hat es mit unseren eigenen Hunden nie Schwierigkeiten gegeben.

Mit einer etwas unerwarteten Nebenwirkung: Der Teich war am Ufer dank der Kiesfuhren sehr flach und inzwischen auch schon ziemlich modderig. Der Modder wurde durch die vielen Hunde aufgewühlt mit der Folge, dass das Wasser fast schwarz wurde, etwas streng roch und alles, was damit in Berührung kam, verfärbte. Es war kein Problem, die Möpse wieder sauber zu bekommen, wir schickten sie alle in den Bach. Die arme Petra aber musste duftend und schmutzig wie sie war ins Hotel gefahren werden, um dort wieder ein salonfähiges Outfit zu bekommen.

Die gute Laune der restlichen Gäste war jedenfalls gesichert. Vermutlich sind sowohl Petra als auch die zehn Möpse jetzt für immer vor allen möglichen Krankheiten geschützt, denn Schlammbäder sollen schließlich sehr gesund sein.

Kiki

Zweimal im Jahr, im Frühling und im Herbst wird unser kleiner Grenzbach zu einem reißenden Gewässer und dadurch interessant für Wildwasserkanuten, die dann gleich pulkweise an unserem Grundstück vorbeischießen. Unsere Möpse regt das ungeheuer auf und sie machen ihrem Unmut lautstark Luft. Normalerweise halten sich unsere Hunde diesem jetzt lebensgefährlichen, reißenden Bach respektvoll fern. Nicht so jedoch unser Besuchsmöpschen Kiki.

Sie begnügte sich nicht damit, die unverschämten Eindringlinge nur zu beschimpfen, sie wurde handgreiflich und versuchte mit Anlauf in eins der Kanus zu springen. Dabei landete sie nur im ansteigenden Bach. Die Kanuten waren zum Glück nicht sehr beeindruckt von ihr. Sie fischten Kiki aus dem Wasser und brachten sie lachend ans trockene Ufer.

Natürlich können auch Möpse schwimmen.

Tilly und die Wasserphobie

Die zehn Möpse, die Petra in den Teich folgten, gehören zu den wassersüchtigen Hunden. Es gab und gibt bei uns aber auch Möpse, die unter einer Wasserphobie leiden.

Das eindruckvollste Beispiel dafür war Tilly. Sie war geradezu abartig wasserscheu – ein einziges Mal ist sie freiwillig ins Wasser gegangen – um mein Leben zu retten. Es war auf unserem geliebten kleinen Sportflughafen – in einer Mulde hatte sich nach längerem Regen ein richtiger kleiner See gebildet, etwa drei Meter breit, 20 Meter lang und in der Mitte mindestens 25 Zentimeter tief. Wir Menschen trugen Gummistiefel und stapften als gutes Beispiel für die Möpse mittendurch. Die meisten folgten uns und tobten durch das Wasser. Nicht so Tilly – mit entsetzt aufgerissenen Augen stand sie am Ufer und war sich ganz sicher, dass wir diesen Wagemut nicht lebendig überstehen würden. Dann packte sie ihren ganzen Mut zusammen, und kam vorsichtig hinter uns her. Als sie mich erreicht hatte, richtete sie sich mehr als erleichtert an mir auf. Natürlich habe ich sie hochgenommen und aufs Trockene zurückgetragen. Dabei habe ich ihr in meiner Rührung fest versprochen, dass sie so etwas nie mehr würde erleben müssen. Kein Wasser sollte ihr je wieder ihren Seelenfrieden rauben dürfen.

Der Bach zu Besuch

Wie Menschen so sind – ich habe dieses Versprechen nicht gehalten – nicht halten können. Bei einem Hochwasser kam unser ansonsten so harmloser Grenzbach tatsächlich für ein paar Stunden ins Haus – nicht sehr hoch – etwa zehn Zentimeter nur und nach fünf Stunden war der Spuk wieder vorbei. Danach war das Haus übrigens blitzblank sauber, wir hatten den Beweis, dass man auch mit klarem kaltem Wasser erfolgreich putzen kann, wenn man nur genügend davon nimmt. Dass wir danach natürlich einige Mühe hatten, Möbel und Wände trocken zu legen, steht auf einem anderen Blatt. Während des Hochwassers kam es zu einigen witzigen Szenen. Wir Menschen nahmen es recht gelassen, wir wussten, dass es schnell vorbeigehen würde, weil unser Fluss mit seiner enormen Strömung auch für sehr schnellen Abfluss sorgen würde. Also trugen wir Gummistiefel, machten eine Flasche Rotwein auf und legten die Füße auf den Tisch. Ein paar der Möpse schnappten halb über vor Begeisterung, sie rannten mit großem Hurra vom einen Ende der Wohnung zum anderen und genossen es sichtlich, wenn das Wasser nur so spritzte. Aber Tilly! Mit verzweifeltem Gesichtsausdruck saß sie vor uns auf dem Tisch und wollte es fast nicht glauben. Sie war völlig fertig mit der Welt. Dieses widerliche Zeug jetzt auch im Haus?! Sie war kaum zu beruhigen. Von da an haben wir besser aufgepasst und haben das Wasser nie mehr ins Haus gelassen.

Wasserakzeptanz

Diese Beispiele zeigen, dass eine gewisse Wasserakzeptanz bei Möpsen sehr nützlich sein kann. Falls Ihr Welpe also keiner Pfütze aus dem Weg geht, verbieten Sie es ihm – wenn es geht – nicht, und wenn er zu der eher wasserscheuen Sorte gehört, müssen Sie auch damit leben. Vielleicht können Sie mit etwas Überzeugungskraft und ein paar Leckerlis erreichen, dass Ihr Mops sich wenigstens im Sommer in einem Bach oder Teich etwas Abkühlung verschafft. Es würde ihm guttun.

Eigentlich sollte ein gesunder Mops dank seines dichten Fells nicht frieren, wenn Sie jedoch sehen, dass ihm die Kälte doch etwas ausmacht, sollten Sie sich nicht scheuen, ihm bei entsprechenden Temperaturen Schutz vor Kälte und Frost zu bieten.

Laufen mit und ohne Fahrrad

Wie alle sehr muskulösen Typen, das gilt für Mensch und Hund gleichermaßen, ist der Mops nicht gerade der geborene Dauerläufer. Als Begleiter für Ihren täglichen 10-km-Lauf ist er daher sicherlich weniger geeignet, das können andere Hunde deutlich besser. Dennoch bestätigt auch hier die Ausnahme die Regel.

Eine Mopszüchterin macht beispielsweise zusammen mit ihrer Hündin Geländeläufe im Wettbewerb. Dabei läuft der Mops in Konkurrenz zu allen anderen Rassen, auch viel größeren. Ihren größten Erfolg hatte sie auf der 5000-Meter-Strecke – sie wurde Kreismeisterin. Frauchen war am Ziel platt und das Möpschen wollte spielen. Die Streckenposten waren begeistert von dem Rennmops, der seinen Kampfnamen schon vorher weghatte: die Rennsemmel.

Dieser Ausnahmeerscheinung unter den Möpsen kommt sicherlich das häusliche tägliche Training zugute, das durch das Zusammenleben mit den drei zur Familie gehörenden sehr lauffreudigen Bearded Collies einfach mit dazugehört. Für den Durchschnittsmops gilt jedoch, mehrere Sprints hintereinander machen vielmehr Spaß als ein Dauerlauf.

Radtour mit Sozius

Was das Laufen am Fahrrad angeht, könnte man vielleicht sogar den einen oder anderen Mops daran gewöhnen, aber was hätte der schon von einer solchen für ihn stumpfsinnigen Lauferei? Wenn Sie den Fahrtwind genießen wollen, hätte ich einen netteren Vorschlag: Montieren Sie ein Transportkörbchen an den Lenker und setzen Ihren Mops hinein. Wenn Sie ihn langsam daran gewöhnen, macht die Radtour allen Beteiligten Spaß.

Bekleidung für den Mops

Eigentlich reicht das natürlich gewachsene Pelzmäntelchen, um Ihren Kleinen vor Wind und Wetter zu schützen. Sollte er bei heftigem Regenwetter nass werden, können Sie ihn zu Hause gründlich abtrocknen und alles ist gut. Nun gibt es jedoch Möpse, besonders häufig unter den schwarzen, die etwas weniger Unterwolle haben. Manche davon frieren bei niedrigen Temperaturen sichtlich. Für die kann man im Zoofachhandel passende Mäntelchen oder Halstücher kaufen, die von den Kleinen gern getragen werden. Man kann sogar selbst einen kleinen Pullover für den Mops stricken, auch dieser wird gern angenommen. Passende Strickanleitungen finden Sie im Internet.

Ab in den Urlaub

Da Sie sich – hoffentlich – bereits vor dem Kauf Ihres Mopses Gedanken darüber gemacht haben, wie Sie zukünftig mit Hund Urlaub machen werden, ist Ihnen jetzt klar, dass weder ein Badeurlaub in der Karibik noch eine Museumsrundreise in der Toskana oder eine Kreuzfahrt auf einem Traumschiff – um nur drei Beispiele zu nennen – so richtig erholsam für Sie und Ihren Vierbeiner sein würden.

Urlaub ohne Hund

Wenn Sie trotz Hund auf einen derartigen Urlaub nicht verzichten wollen und Sie ihn infolgedessen für diese Zeit in fremde Hände geben müssen, sollten Sie sich darüber im Klaren sein, was das für Ihren Mops bedeutet. Was für Sie selbstverständlich ist, dass Sie ihn nach zwei oder drei Wochen wieder abholen werden, weiß Ihr Hund keineswegs. Er weiß nur, dass er in einer fremden Umgebung ist und dass Sie nicht mehr da sind. Er wird unter dieser Situation leiden und niemand kann ihm erklären, dass Sie bestimmt wiederkommen werden.

Trennung auf Zeit

Es kann natürlich sein, dass Sie sich einmal zeitweise – z.B. wegen eines Krankenhausaufenthaltes – von Ihrem Mops trennen müssen. Wenn Sie Ihren Hund anschließend wieder abholen, wird er Sie nicht unbedingt freudig begrüßen. Es kann durchaus sein, dass er Ihnen die kalte Schulter zeigt und Ihnen damit demonstriert, wie unwohl er sich gefühlt und wie sehr er Ihnen die ganze Sache übel genommen hat. Begrüßt er Sie jedoch überschwänglich, dann ist das nicht nur die Freude darüber, dass Sie wieder da sind, er zeigt Ihnen auch, dass es ihm da, wo Sie ihn untergebracht hatten, gefallen hat. Die Chance, dass Ihr Mops sich bei

Wenn Sie ohne Ihren Mops in den Urlaub fahren, wird Sie die Erinnerung an sein trauriges Gesicht beim Abschied noch eine Weile verfolgen.

fremden Leuten wohlfühlt, ist umso größer, je persönlicher das Verhältnis zwischen Mensch und Hund dort ist. Deshalb sollten Sie auch eine noch so gut geführte Hundepension nur als letzte Alternative in Betracht ziehen und stattdessen rechtzeitig einen Menschen aussuchen, der sich während Ihrer Abwesenheit um ihn kümmert, einen anderen Hundebesitzer z.B., der seinerseits die gleiche Hilfe benötigt.

Urlaub mit Hund

Wenn Sie Ihren Mops mit in den Urlaub nehmen, geht auch das nicht ohne Vorbereitung. Zuerst müssen Sie sicherstellen, dass Hunde in Ihrem Hotel erlaubt sind und fragen, ob Sie ihn z.B. auch mit in den Speisesaal nehmen dürfen. Überhaupt sollten Sie die Bedingungen für Ihren Aufenthalt vorab klären, damit Sie vor Ort keine unangenehmen Überraschungen erleben. Schwierigkeiten, ein geeignetes Hotel zu finden, sollte es nicht geben, überall gibt es Hotels und Pensionen, die vierpfotige Gäste erlauben.

Wie reisen?

Als Nächstes sollten Sie klären, wie Sie reisen wollen. Mit dem Auto, der Bahn oder dem Flugzeug? Wenn Sie mit dem Auto fahren, müssen Sie – das gilt besonders für den Sommerurlaub – daran denken, dass es in Ihrem Auto sehr heiß werden kann, Sie müssen also der Gefahr einer Überhitzung vorbeugen. Eine Klimaanlage ist natürlich von Vorteil. Ob nun Klimaanlage oder nicht, auf jeden Fall sollten Sie ein oder mehrere Kühlelemente dabeihaben, die Sie bei Bedarf tiefkühlen und Ihrem Mops mit einem Handtuch oder einer Decke abgedeckt zum Drauflegen anbieten. Wenn es ihm zu heiß ist, wird er dieses Angebot gern annehmen. Dass Sie genügend Trinkwasser dabeihaben und ausreichend Pausen einplanen, versteht sich von selbst. Und noch etwas ist ganz wichtig: Ihr Hund muss im Auto vernünftig gesichert sein. Auch auf dem Schoß des Beifahrers hat er bei einer längeren Fahrt nichts verloren. Ein Absperrgitter zwischen den Sitzreihen wäre eine Lösung.

Viele Urlaubsgebiete sind mopsgeeignet. Sie sollten aber rechtzeitig abklären, ob der Hund mit an den Strand darf.

Per Bahn

Wenn Sie die Fahrt mit der Bahn planen, sollten Sie Ihren Mops rechtzeitig an eine Transportreisetasche gewöhnen, denn wenn er sich während der Fahrt – zumindest wenn der Schaffner gerade vorbeikommt – darin aufhält, müssen Sie keine Extrafahrkarte für ihn lösen. Und denken Sie auch hier an ausreichend Trinkwasser für Ihren Hund.

Über den Wolken

Bei der Buchung eines Fluges sollten Sie sicherstellen, dass Ihr Mops in der Kabine für Passagiere mitfliegen darf, und erfragen, welche Bedingungen erfüllt sein müssen. Einen Flug im Frachtraum sollten Sie Ihrem Mops nicht zumuten. Die verschiedenen Fluglinien sind nicht alle gleich großzügig, was die tolerable Gewichtsgrenze anbetrifft, klären Sie das bitte rechtzeitig ab. Falls die Reise ins Ausland gehen soll, besprechen Sie bitte rechtzeitig mit Ihrem Tierarzt die erforderlichen Impfungen und die amtstierärztlichen Bescheinigungen. In den meisten Fällen muss die Impfung z. B. vor mindestens einem Monat erfolgt sein. Im Internet finden Sie natürlich auch alle einschlägigen Bestimmungen, die von Land zu Land sehr unterschiedlich sein können. Derart geplant dürfte dem Gelingen Ihres Urlaubs nichts mehr im Wege stehen.

Info | Reisen ins Ausland

Wenn Sie Ihren Mops in den Urlaub mitnehmen wollen, denken Sie daran, dass für den Grenzübertritt je nach Land die verschiedensten Vorschriften gelten. Ihr Hund muss auf jeden Fall gegen Tollwut geimpft sein. Darüber hinaus schreiben verschiedene Länder manchmal auch weitergehende Bescheinigungen vor. Wollen Sie keine unliebsamen Überraschungen an der Grenze erleben, erkundigen Sie sich besser rechtzeitig bei Ihrem Tierarzt nach den jeweils geltenden Bestimmungen.

Auf die Plätze, fertig, los! Ein Wettrennen in die Fluten macht mit dem Hundekumpel noch mehr Spaß.

Ausstellungen

Sie haben vermutlich beim Erwerb Ihres Lieblings nicht ans Ausstellen gedacht. Die Idee dazu kommt häufig erst im Laufe der Zeit, etwa durch den Kontakt mit anderen Mopsbesitzern. Vielleicht haben Sie sich, bevor Sie sich für die Rasse entschieden haben, auf einer Ausstellung verschiedene Hunderassen angesehen, konnten mit den Ausstellern reden und, wenn es Möpse waren, auch mit den Hunden Kontakt aufnehmen. Nun haben Sie selbst einen Mops im Haus und genießen die positiven Reaktionen der Leute auf der Straße. Schnell kommt die Idee auf, ob Sie Ihr Prachtexemplar nicht auch einmal der fachkundigen Mitwelt zeigen sollten. Sie selbst wissen natürlich, dass Sie das Glück hatten, den Schönsten zu bekommen, aber das sollen auch alle anderen gezeigt bekommen.

Ab in den Ring

Ganz im Ernst, es schadet weder Ihnen noch Ihrem Mops, wenn Sie an einer Ausstellung teilnehmen. Der Kleine muss dafür keine Kunststückchen beherrschen. Er sollte nett an der Leine laufen und unbedingt auch seine Zähne kontrollieren lassen. Das ist das Einzige, was Sie mit ihm üben sollten, denn das sieht Ihr Mops mit sehr viel Vorbehalt. Er ist fest davon überzeugt, dass hinter den Zähnen seine Unschuld verborgen ist und die zeigt man auch nicht. Also, wenn Sie ausstellen wollen, sollten Sie das Zähnezeigen üben. Und wenn Ihr Kleiner nicht mit dem größten Pokal nach Hause kommt, vergessen Sie bitte nicht, dass er trotzdem der Allerbeste ist. Er würde Sie auch nicht gegen einen anderen Menschen eintauschen wollen, denn auch er weiß, was er an Ihnen hat. Vielleicht reicht Ihnen diese eine Erfahrung, es kann

Ein Mops sollte sich bei der Bewertung im Ring aufmerksam „zeigen“, das kann man auch entspannt auf der grünen Wiese üben.

aber auch sein, dass Sie Blut geleckt haben und Ausstellen Ihrer beider Hobby wird. Warum nicht? Sie sollten jedoch damit aufhören, wenn Ihr Mops die Lust daran verliert. Denn dann werden seine Gewinnchancen schlagartig geringer und Ausstellungen werden für ihn zur Tortur.

Was er von allein kann

Im Übrigen ist der Mops ein guter Beobachter und lernt schnell. Ohne großes Zutun vermag er Ihre Körperhaltung schnell zu deuten und weiß, was als Nächstes passieren wird. Wir Menschen sind unseren Hunden in dieser Disziplin weit unterlegen. Hier macht sich bemerkbar, dass der Mops seine ganze Rassegeschichte lang immer nur dazu bestimmt war, mit uns zusammenzuleben.

Kegelabende

Wir haben sehr viel von unseren beiden ersten Möpsen gelernt. Natürlich waren sie bei fast all unseren Freizeitunternehmungen beteiligt. Sie begleiteten uns beispielsweise ganz selbstverständlich zu unserem alle zwei Wochen stattfindenden Kegelabend. Dort begrüßten sie, wie sich das für freundliche Möpse gehört, unsere Freunde, hopsten dann zusammen auf einen Stuhl und schliefen zufrieden ein. Gegen Ende des Kegelabends, die letzte Partie war noch im Gange, geschah etwas, das wir uns lange nicht erklären konnten. Die beiden, die sich von dem bisherigen Lärm nicht im Schlaf hatten stören lassen, waren plötzlich hellwach und sprangen von ihrem Stuhl. Wieso wussten sie, dass jetzt Schluss war? Noch war keiner aufgestanden, und dass der Kellner gekommen war, war auch nichts Besonderes. Dabei war die Lösung ganz einfach, die

Hunde sind gute Beobachter und erkennen feinste Signale.

Jeder Mops hat bestimmte Schlüsselreize. Der eine heult vor Freude, wenn er seinen Kumpel sieht …

Ersten zückten bereits ihre Portemonnaies, um zu bezahlen, und das Klimpern der Münzen war es wohl, was den Möpsen sagte: Gleich fahren wir wieder nach Hause.

Schlüsselwörter

So wissen auch alle erfahrenen Mopsbesitzer, dass man bestimmte Worte, seien sie nun positiv behaftet wie zum Beispiel „Spazierengehen“ oder negativ wie möglicherweise “Krallenschneiden“ gar nicht unauffällig genug in unpassenden Sätzen unterbringen kann, der Mops versteht sie und reagiert entsprechend darauf. Entweder hüpft er begeistert zur Tür oder er löst sich einfach in Luft auf und ist verschwunden. Wir helfen uns, indem wir bestimmte Reizworte buchstabieren. Allerdings lernen sie auch das, wenn man es oft genug wiederholt. Beim Verstehen unserer Worte und unseres Verhaltens überraschen uns unsere Hunde jedenfalls immer wieder.

Durchgestartet

Manchmal bringen sich unsere Möpse auch selbst Signale bei. Wir gingen regelmäßig mit unseren damals noch sieben Möpsen auf dem weitläufigen Gelände eines nicht sehr frequentierten Sportflughafens spazieren. Die Start- und Landebahn war gegen das restliche Gelände abgezäunt. Ab und zu kam es vor, dass eine Maschine startete, was unseren Axel auf den Plan rief: Er war leider Gottes ein passionierter Jäger. Allerdings reagierte er nicht auf lebende Beute, stattdessen brachte ihn alles Motorisierte in Rage. Wenn also der Motor des Flugzeugs anlief, startete Axel durch und raste in Richtung Landebahn. Bevor er den Zaun erreichte, hatte das kleine Flugzeug in aller Regel bereits Höhe gewonnen und er schimpfte ihm hinterher. Dumm, wie wir damals noch waren, brüllten wir: „Hiergeblieben!“ Das schien ihn jedoch nur noch mehr anzuspornen, er gab Gas. Nun gab es ja noch seinen Bruder, der uns und die ganze Geschichte beobachtete. Alfi brauchte nur zwei Anlässe, dann hatte er verstanden, was zu tun war: Er startete ebenfalls durch und wurde unglaublich schnell. Weil er längere Beine hatte, holte er den kleinen Hitzkopf sehr schnell ein, überholte ihn und trieb ihn in Hütehundmanier zu uns zurück.

Da er im Verhältnis der beiden untereinander eindeutig der Chef war, ließ sich der Kleine auch ganz selbstverständlich zu uns zurücktreiben. In der Folgezeit wurde das Zusammenspiel fast zu einer Zirkusnummer. Wir brüllten, sobald wir ein Flugzeug starten sahen: „Hiergeblieben!" Axel hob den Kopf, sah die startende Maschine und rannte. Allerdings nur noch aus Pflichtgefühl und nicht sehr enthusiastisch, er wusste ja inzwischen, dass er erfolglos bleiben würde. Alfi startete gleichzeitig, auch nur noch recht gemächlich, weil er bemerkt hatte, dass der Kleine nur noch lustlos losflitzte.

„Behindertenbegleithund" Billy

Dann gibt es noch den Mops Billy. Er war als Gesellschaft für den Englischen Bulldog Buffy angeschafft worden, weil der durch einen Hörsturz taub geworden war und nun zwangsläufig ein ziemlich langweiliges Leben führen musste. Weil er sich jederzeit zurückrufen ließ, durfte Buffy vor seinem Hörsturz, immer wenn das Gelände es erlaubte, frei laufen. Der Bulldog machte davon ausgiebig Gebrauch und verschwand auch schon mal in einem Maisfeld.

Wieder mehr Lebensfreude

Nach dem Hörsturz war das natürlich vorbei. Die Spaziergänge an der Leine aber machten ihm keine Freude mehr. Das änderte sich jedoch bald, nachdem Billy eingezogen war, der eigentlich nur als Spielgefährte und zur Unterhaltung des Großen gedacht war. Billy entwickelte sich nämlich zum „Behindertenbegleithund". Auf die Aufforderung: „Billy, hol den Buffy!" verschwand er z. B. im Maisfeld und kam schwanzwedelnd und ersichtlich stolz auf seine Leistung mit dem Bulldog zurück. Der träge gewordene Buffy wurde wieder lebendig und für alle das Leben deutlich entspannter. Dank Billy!

... der nächste startet voller Begeisterung durch.

Beizeiten gewarnt

Doch nicht nur im Erspüren dessen, was ihre Menschen von ihnen erwarten, leisten Möpse mitunter Erstaunliches. Manchmal erfassen sie eine Situation und reagieren richtig.

So hat der Mops Potschi seinem zuckerkranken Frauchen schon mehrfach – natürlich ohne dazu ausgebildet worden zu sein – das Leben gerettet. Sie war nachts im Schlaf in eine Unterzuckerung gefallen und wurde von ihrem wild an ihr kratzenden Mops mühsam geweckt. So konnte sie noch rechtzeitig die Anzeichen der Unterzuckerung erkennen und schnell durch ein Stück Traubenzucker gegensteuern. Beim ersten Mal hielt sie sein Verhalten für einen Zufall, in der Folgezeit wurde ihr dann jedoch klar, dass ein kleiner Lebensretter mit ihr im selben Zimmer schlief.

Abel und das Telefon

Nicht ganz so lebensgefährlich, aber mindestens genauso toll war die Leistung von Abel. Sein Frauchen war stark hörbehindert. Wenn sie ihre Hörgeräte nicht eingeschaltet hatte, hatte sie Schwierigkeiten, einem normalen Gespräch zu folgen und konnte auch das Telefon nicht klingeln hören. Die Hörgeräte waren deshalb auch fast immer eingeschaltet. Der kleine Abel war noch nicht lang im Haus, als er bereits durch sein merkwürdiges Verhalten auffiel. Er bellte aufgeregt sein Frauchen an und rannte immer wieder zum Telefon. Bis Frauchen es endlich verstand und ihr Hörgerät einschaltete. Der kleine Kerl hatte begriffen, dass ein Mensch zum Telefon gehen muss, wenn es klingelt, und wenn er das nicht tut, muss er auf sein Versäumnis hingewiesen werden.

Möpse sind sensibel und erfassen viele Situationen intuitiv.

Fazit

Auch wenn Ihr Mops wahrscheinlich keine solchen Glanzleistungen erbringen wird, seinen Lebenszweck wird er immer erfüllen: Ihnen Freude machen, sodass Sie, wie viele Mopsbesitzer vor Ihnen, irgendwann und irgendwo erklären werden: „Seit wir den Mops haben, vergeht kein Tag, an dem wir nicht mindestens einmal fröhlich gelacht haben."

Das Besondere an diesen drei Beispielen ist das Naturtalent der drei Möpse. Niemand hat ihnen irgendetwas beigebracht, sie wussten von allein, wie sie sich zu verhalten hatten. Ich halte dies für eine der erstaunlichsten Fähigkeiten, die unsere Hunde im Laufe von Jahrtausenden des Zusammenlebens mit dem Menschen erworben haben, wohl aufgrund der hoch entwickelten sozialen Kompetenz von Urvater Wolf.

Möpse bereichern das Leben, ob einzeln gehalten oder im Rudel.

Der alte Mops

Irgendwann werden Sie sich von Ihrem Mops verabschieden müssen. Wenn Sie Glück haben, schläft er einfach ein. Wenn Sie ihn aber von seinen Leiden erlösen müssen, holen Sie sich den Tierarzt ins Haus, damit Ihr Kleiner im Beisein seiner geliebten Menschen ruhig sterben kann.

Wenn der Mops älter wird

Viel zu früh wird auch der netteste Welpe erst erwachsen und schließlich alt und Sie sollten sich auf die sich allmählich ändernden Bedürfnisse Ihres älter werdenden Mopses einstellen. Dabei ist es wie beim Menschen auch, jeder wird auf eine andere Art alt. Manche werden schon sehr früh mit fünf bis sechs Jahren etwas grau um die Schnauze, andere schaffen es im Alter von zehn Jahren noch „Internationaler Schönheitschampion“ zu werden, so wie der Sohn einer der in Kapitel 1 erwähnten „Waldmöpse“.

Altersanzeichen
Alterungsanzeichen sind neben der Beobachtung, dass der bisherige muskulöse kleine Schwerathlet behäbiger wird (Zitat Loriot: Möpse können, wie Menschen, im Alter figürlich etwas nachlassen, gewinnen aber an Ausdruck), auch nachlassendes Gehör und zunehmend schwächer werdende Sehkraft.

Möpse sitzen bis ins hohe Alter gerne auf einem erhöhten Sitzplatz. Hier haben sie den vollen Überblick.

Man hat den Eindruck, dass sie länger und vor allen Dingen tiefer schlafen, vielleicht weil aufregende Geräusche nicht mehr so gut wahrgenommen werden. Jetzt sollte man die Ernährung allmählich umstellen, zumal in der Regel bald die ersten Schneidezähne fehlen. Hier hilft wieder einmal die Industrie, es gibt sehr gute Fertigfutter für Senioren. Wenn man selbst kochen möchte, sollte jetzt der Eiweißgehalt zugunsten der Kohlehydrate reduziert werden.

Mühsame Spaziergänge

Regelmäßige Bewegung ist natürlich nach wie vor für Gesundheit und Wohlbefinden Ihres Seniors wichtig. Doch sollten Sie jetzt, je älter er wird umso mehr, ihn selbst die Länge und vor allem das Tempo bestimmen lassen, dabei sind mehrere kurze Spaziergänge am Tag sicher ein oder zwei längeren vorzuziehen.

Info | Altersrelation

Altersrelation Mensch-Hund

Hundealter	Menschenalter
3 Monate	3 Jahre
4 Monate	5 Jahre
6 Monate	10 Jahre
8 Monate	14 Jahre
12 Monate	16 Jahre
18 Monate	20 Jahre
2 Jahre	24 Jahre
3 Jahre	28 Jahre
4 Jahre	32 Jahre
5 Jahre	36 Jahre
6 Jahre	40 Jahre
7 Jahre	44 Jahre
8 Jahre	48 Jahre
9 Jahre	52 Jahre
11 Jahre	60 Jahre
12 Jahre	64 Jahre

nach Ulrich Klever aus „Knaurs Großem Hundebuch"

Es kann auch vorkommen, dass der kleine alte Kerl an einer für ihn interessanten Stelle stehen bleibt und stundenlang schnüffelt. Eine Freundin beschrieb es mal sehr bezeichnend: „Die Spazierstände mit ihm werden immer mühsamer."

Auch im häuslichen Bereich bewegt er sich weniger, es sei denn, dass ihn ein unverschämter Einbrecher empfindlich in seiner Ruhe stört. Dann kann er wie früher zornig aus seinem Körbchen hochspringen und laut schimpfend mit etwas hochgezogenem, rund gewordenem Rücken zur Tür rennen.

Ein bisschen wunderlich

Manche Möpse können im Alter auch etwas wunderlich werden. Bei uns im Haus lebt ein alter Rüde, der es sich in seinem Körbchen gemütlich macht und mit seiner Altmännerstimme zu meckern anfängt: Wäff – 10 Sekunden Pause – wäff – 10 Sekunden Pause – wäff – usw. Ein Grund dafür ist nicht erkennbar. Wenn man ihn anspricht, ist er kurzzeitig abgelenkt, sobald man sich jedoch abwendet, ertönt ein erneutes Wäff.

Es geht zu Ende

Eins sollte Ihnen schon bei der Anschaffung eines Welpen klar sein, Ihr Hund wird in aller Regel lange vor Ihnen sterben. Wenn Sie Glück haben – und das meine ich wörtlich – dann wird er, wenn es so weit ist, einfach einschlafen und Sie werden ihn vielleicht eines Morgens tot in seinem Körbchen vorfinden. Ist er jedoch krank und leidet ersichtlich, dann sollten Sie seinem Leiden ein Ende setzen. Wenn es geht, lassen Sie dazu Ihren Tierarzt nach Hause kommen. Ihr alter Mops wird so ohne Aufregung im Beisein der von ihm geliebten Menschen ohne Schmerzen einschlafen können.

Ganz schön traurig

Der Abschied eines treuen Freundes ist immer traurig und mit Wehmut verbunden. Doch im Lauf der Zeit lässt der Schmerz nach und man erinnert sich gern an die gemeinsam erlebte Zeit.

Im fortgeschrittenen Alter lässt der Bewegungsdrang nach, die Freude am Leben bleibt.

Service

Zum Weiterlesen

Beschäftigung

Blenski, Christiane: **Hundespiele.** Frische Spielideen für fröhliche Hunde. 2007

Büttner-Vogt, Inge: **Spiel und Spaß mit Hund.** Beschäftigungsideen für zu Hause und unterwegs. 2008

Gesundheit

Achner, Heike: **Hausapotheke für Hunde.** Die besten Hausmittel zur Selbstbehandlung. 2010.

Lausberg, Frank: **Erste Hilfe für den Hund.** Symptome erkennen, schnell behandeln. 2009

Verhalten

Bloch, Günther und Elli Radinger: **Wölfisch für Hundehalter.** Von Alpha, Dominanz und anderen populären Irrtümern. 2010

Handelman, Barbara: **Hundeverhalten.** Mimik, Körpersprache und Verständigung. Mit über 800 ausdrucksstarken Fotos. 2010

Schöning, Barbara: **Hundeverhalten.** Verhalten verstehen, Körpersprache deuten. 2008

Welpen

Führmann, Petra, Iris Franzke und Nicole Hoefs: **Die Kosmos Welpenschule.** 2008

Trumler, Eberhard: **Ein Hund wird geboren.** Kynos 1992

Winkler, Sabine: Welpenkindergarten. **Sozialisation und Erziehung.** 2008

Erziehung

Führmann, Petra und Nicole Hoefs: **Das Kosmos Erziehungsprogramm für Hunde.** 2006

Führmann, Petra und Nicole Hoefs: **Kleine Hunde – große Freunde.** 2008

Trumler, Eberhard: **Mit dem Hund auf du.** Piper 2004

Winkler, Sabine: Hundeerziehung. **Sozialisierung, Ausbildung, Problemlösung.** 2009

Dankeschön an
meine beiden Ziehmütter Inge von Keiser und Christina Aleida Veldhuis, die mich vor über 30 Jahren unter ihre Fittiche genommen haben und mit deren Hilfe ich mich als Mopszüchterin freischwimmen konnte, Ferdi Dickmann und Joachim Velten, die sich, ihr Haus und ihre Hunde für die Herstellung der Fotos zur Verfügung gestellt haben, Evelyn und ihren Bruder Mathias, die sich an der Herstellung der Fotos mit viel guter Laune und trotz gebrochenem Arm beteiligt haben, Dr. Claudia Krebs und Frithjof Natho, die regelmäßig zum Korrekturlesen zur Verfügung standen und last but not least meinen Ehemann Wolfgang, der mich sehr unterstützt hat und es schon annähernd 42 Jahre mit mir aushält.

Nützliche Adressen

Verband für das Deutsche Hundewesen (VDH)
Westfalendamm 174
44141 Dortmund
Tel. +49 231 5 65 00-0
www.vdh.de

Österreichischer Kynologenverband (ÖKV)
Siegfried Marcus-Str. 7
A-2362 Biedermannsdorf
Tel.: +43-(0)2236/710 667
www.oekv.at

Schweizerische Kynologische Gesellschaft (SKG)
Brunnmattstrasse 24
CH-3007 Bern
Tel: +41 (0)31 306 62 62
www.hundeweb.org

Deutscher Mopsclub e.V. (DMC)
Geschäftsstelle: Helga Schukat
Scheuren 13
42699 Solingen
Tel. 0212-330 904
www.mopsclub.de

Mops in Not
Geschäftsstelle des DMC s.o.
und Inge Weßling
Grundermühle 7
51515 Kürten
Tel. 02268-1494
dt.mopsclub@t-online.de

Verband Deutscher Kleinhundezüchter e.V. (VK)
Geschäftsstelle: Jens Bruse
Anklamer Str. 3
17506 Lüssow
Tel.: 038353-51014
www.kleinhunde.de

Schweizerische Zwerghundeclub
Zuchtsekretariat: Elsbeth Clerc
Im Gätterli 6
CH-4632 Trimbach
Tel. 062 293 07 67
www.zwerghundeclub.ch

Österreichischer Mops Club (ÖMC)
Präsident: KR Herbert Hallwirth
Ratschkygasse 18
A-1120 Wien
Tel.01/813 25 92
www.mops.at

Register

Abwechslung 55
Ahnentafel 26, 40
Allein bleiben 94
Alter Mops 116 ff.
Älterer Mops 32
Altersanzeichen 117
Altersrelation Mensch-Hund 118
Anhänglichkeit 24
Augen 64
Aujetzky-Virus 52
Auslandsreisen 109
Ausstellungen 110
Autofahren 40

Bandwürmer 54, 71
Barfen 53 f.
Bekleidung 106
Beratung 30
Bestimmungen für Züchter 28 ff.
Bestrafung 41
Besuch beim Züchter 37
Betteln 43
Blähungen 55
Blättermagen 54
Brachycephales Syndrom 80
Büffelhautknochen 56

Charakter 19 f.
Chip 40

Demodikose 81 f.
Distanzlosigkeit 25

Entwicklung der Welpen 48
Entwurmen 71
Ernährung 50 ff.
Ernährungsumstellung 118
Erziehung 86 ff.
Erziehungs-Basics 90 ff.

Fähigkeiten 110 ff.
Falten 62
Familienhund 18

Farbschläge 34
Farbvarianten 34
Fellpflege 61 f.
Fellwechsel 61 f.
Fieber 70
Flöhe 84
Freizeit 96 ff.
Futtermenge 51, 56
Fütterungsanleitung 51
Futterunverträglichkeit 55

Gebärmuttervereiterung 77
Gehör, nachlassendes 117
Geschichte des Mops 6 ff.
Geschirr 94
Geschlecht 33
Gesellschaftstier 97
Grundimmunisierung 71

Halsband 94
Hämometra 77
Heimweg 40
Hepatitis (Hcc) 73
Hirnhautentzündung 76
Hobbyzüchter 27
Hornhautentzündung und -geschwür 82
Hundeausstellungen 110
Hundebegegnungen 46

Hundehaftpflichtversicherung 46
Hundehändler 26
Hündin 33

Impfdurchbrüche 72
Impfmüdigkeit 72
Impfpass 40
Impfpflicht 75
Impfschäden 72
Impfungen 71
Infektionskrankheiten 73 ff.

Kastration 78 f.
Kauf 26 ff.
Kaufpreis 36
Kennzeichen 18
Knubbelliegen 88
Können 110 ff.
Kontaktaufnahme 36
Krallen 65
Krankenversicherung 46
Krankheiten erkennen 69
Krankheitsbilder 76
Krustennase 63
Kurzköpfigkeit 80

Lange Leine 99
Laufen 106
Läufigkeit 66
Läufigkeitshosen 66
Leckerlis 56
Legenden 9 f.
Leinenführigkeit 94 f.
Leptospirose 74
Lunge 57

Mehrhundehaltung 34
Milben 85
Mindestabgabealter 29
Modehund Mops 16 f.
Mops von Winnenden 10
Mopshirnhautentzündung 76
Mopsiade 15
Mopsküche 58 f.
Mopskult 15
Mopsorden 10

Niedergang der Rasse 12
Normaltemperatur 70
Notmopsvermittlungsstelle 32

Ohren 65

Pansen 54
Parasiten 84 f.
Parvovirose 73
Patella-Luxation 83
Pflege 60 ff.
Pug-dog-Enzephalitis 76
Pyometra 77

Rassebedingte Aufgaben/Fähigkeiten 97
Rassespezifische Erkrankungen 80 ff.
Retter der Rasse 28
Rückwärtsniesen 76
Rüde 33

Scheinträchtigkeit 78
Schlafen 42
Schlüsselwörter 112
Schmerzen 69
Schnarchen 25

Schwarzer Mops 14
Schweinefleisch, rohes 52, 54
Seefisch, roher 54
Sehkraft, nachlassende 117
Spaziergänge 98 f., 118
Spondylose 83 f.
Spulwürmer 71
Staupe 73
Strukturen 42 f.
Stubenreinheit 41
Stuttgarter Hundeseuche 74
Swimmingpool 100

Tollwut 75
Tollwutimpfung 109
Totaloperation 77
Trennung auf Zeit 107

Übergewicht 57
Übermut 95
Urlaub 107 f.

VDH-Züchter 28
Verlorene Welpen 16
Vermehrer 26
Versicherungen 46
Vorbereitungen 37
Vorhautkatarrh 80
Vorüberlegungen 23 ff.
Vorurteile 19

Waldmöpse 16
Wasser 53, 100 ff.
Wasserakzeptanz 104
Wasserphobie 104
Welpe 32
Welpen-Boom 17
Welpenentwicklung 48
Welpenspielgruppe 45
Welpenverhalten 88
Welpenvermittlung 31
Wurmkuren 71

Zähne 64
Zähne putzen 64
Zecken 85
Züchterbestimmungen 28 ff.
Züchterbesuch 37
Zuchtleitung 31
Zuchtsperre 28
Zuchtverbot 29
Zuchtvoraussetzungen 38 f.
Zuchtwarte 31
Zwei Möpse 34
Zwingerhusten 74
Zwischenzehenekzem 80

Bildnachweis

68 Farbfotos wurden von Sabine Stuewer/Kosmos für dieses Buch aufgenommen. Weitere Farbfotos von Ferdi Dickmann (1; S. 19), Christina Dieminger (6; S. 5, 17, 36, 43, 93, 98 u.), Fotolia (3; S. 81, 96, 97), Alexandra Hahn (7; 28, 29 beide, 45 u., 112 beide, 113), Monique Jansen (16; S. 10 beide, 11 beide, 33, 34, 42 o., 48 r., 49 r., 66, 74 beide, 76, 77, 83, 110), istock photo (10; S. 35 beide, 58, 68, 69, 99, 106, 107, 108, 115), Juniors Tierbild (10; 9, 18, 47, 48 l., 59, 60, 75, 88, 105, 109), Isolde Ohlbaum (1; S. 15), Picani (1; S. 49 l.), Verena Scholze/Kosmos (2; S. 55 o. l., o .r.), Alexandra Storchmann (6; S. 38 r., 46, 101, 102 beide, 103), Sabine Stuewer (3; S. 6, 45, 111), Tierfotoagentur (2; S. 57, 116), C.A. Veldhuis (1; S. 16), Joachim Velten (2; S. 54, 114), Peter Wähner (1; S. 14), Inge Weßling (2; S. 8, 13).

Mit einer Illustrationen von Christiane Glanz (S. 85).

Impressum

Umschlaggestaltung von eStudio Calamar unter Verwendung
eines Farbfotos von Sabine Stuewer (U1)
und drei Farbfotos von Sabine Stuewer/Kosmos.

Mit 157 Farbfotos und einer Farbzeichnung

Unser gesamtes lieferbares Programm und viele weitere Informationen zu unseren Büchern, Spielen, Experimentierkästen, DVDs, Autoren und Aktivitäten finden Sie unter **www.kosmos.de**

MIX
Papier aus verantwortungsvollen Quellen
FSC® C022125
www.fsc.org

Gedruckt auf chlorfrei gebleichtem Papier

ISBN 978-3-440-12527-4
Redaktion: Alice Rieger
Gestaltungskonzept: eStudio Calamar
Gestaltung und Satz: akuSatz, Stuttgart
Produktion: Eva Schmidt
Printed in Germany/Imprimé en Allemagne

gkf Forschung für den Hund
Der KOSMOS-Verlag ist Mitglied in der Gesellschaft zur Förderung Kynologischer Forschung e.V.
www.gkf-bonn.de